불안하고
속 끓이고
흔들려도

아무튼,
난 멋진 엄마

불안하고
속 끓이고
흔들려도

아무튼,
난 멋진 엄마

강문정 지음

더메이커

엄마도 아기도 태어났다

김태경 그림

프롤로그

엄마라서 참 좋다

아이들과 함께하는 시간

오늘도 어린이집 교실에서는 울음소리도 들리고, 웃음소리도 들린다.

'왜 울까?', '무슨 재미있는 일이 있지?'

궁금했다. 하던 일을 멈추고 아이들에게 향했다.

교실 상황과 아이들 표정만 딱 봐도 왜 우는지, 왜 웃는지를 99%까지 알아맞힐 수 있다. 내가 용한 점쟁이여서가 아니다. 이 아이들을 잘 알 수 있는 건 함께한 시간이라는 공통분모가 있기 때문이다. 그 공통분모에 상황만 달라지니 오차 범위 내에선 거의 알아맞힌다. 나와 함께한 아이들에 관해서는 용한 점쟁이보다 더 용하다.

코로나19가 예고 없이 들이닥쳐 2020년과 2021년은 아이들과 함께한 시간이 턱없이 부족했다. 아이들과 집에서 놀이하는 시간이 많아지면서 힘들어할 부모님들이 안쓰럽고, 엄마 아빠와 지내면서 친구를 그리워할 아이들이 눈에 선했다. 다 지나갈 것이라고 괜찮다, 괜찮다 아무리 외쳐도 괜찮지 않은 현실이다. 아이들이 너무 많은 것을 빼앗긴 듯해서 더 마음이 안쓰럽다.

아이들을 잠시 떠나 있던 시간

2016년 말, 첫 번째 책《깜빡하는 찰나, 아이는 자란다》를 세상에 내놓은 후 그동안 몸을 돌보지 못한 탓과 나이 탓으로 오십견이 내 허락도 없이 찾아왔다. 온몸이 삐거덕거리고 오른팔은 전혀 움직일 수가 없었다. 한의원으로 종합병원으로 찾아다니며 수없이 많은 치료를 했지만 나아지는 속도는 더뎠다. 좀 쉬고 싶다는 생각이 간절했다. 도피하는 심정으로 아들 따라 호주 유학을 떠났다. 하지만 줏대도 없고 계획도 없이 급히 떠난 유학이니 즐거울 리 없었다.

20년이 넘는 세월 동안 어린이집 아이들과 깔깔거리고 철딱서니 없이 지내다 갑자기 아이들 곁을 떠나보니 금단 현상처럼 내 가슴이 공허해졌다. 이래도 되는 걸까 마구 불안하고 속 끓이며 흔들리고 있었다.

길거리를 가다가 유아차(유모차) 속 아이를 보거나, 트램 안에서 마주치는 아이들만 봐도 가슴이 뛰고 눈을 못 떼며 실없이 웃고 있었다.

나의 그런 모습을 본 아들이 "엄마, 여기 호주에서는 애들 보고 괜히 웃거나 관심 두지 마세요. 그들은 엄마를 호의적으로 안 봐요."

아들의 따끔한 일침에도 난 여전히 어린이 도서관 앞을 맴돌고 있었다.

그러던 중 남의 나라에서 누가 말 걸어 올까 두렵고, 또 무섭고 불안한 상황도 마주하게 되면서 스트레스도 쌓여 그동안 앓던 이석증이 심하게 왔다. 마음을 단단히 먹고 다시 집으로 돌아왔다. 그리고 그리워했던 아이들을 만날 준비를 치열하게 했고 이곳 어린이집에서 다시 아이들을 볼 수 있게 되었다.

아이들을 다시 만나고 내 줏대는 재부팅을 했다

내 몸 좀 불편하다고 먼 나라까지 가서 마음고생하며 아이들을 그리워했다는 것이 참 줏대 없는 짓이었다.

아이들을 다시 만나면서부터 나의 활력은 재부팅됐다. 비로소 난 숨을 내쉬고 있었다. 내 삶에서 아이들이란 숨이었다. 울음소리도 듣고 웃음소리도 들어야 숨이 쉬어진다니, 사람들은 이해하지 못할 것이다.

난 이렇게 아이들과 함께하는 일이 좋은데 다시 만난 엄마들은 20여 년 전 엄마들이 했던 똑같은 질문을 하며 육아의 힘듦을 토로하고 있었다. 나라에서 엄청난 지원을 해주고, 부모들의 학력 수준과 경제적 수준은 높아졌고, 육아 정보도 넘쳐나는데 아이 키우는 어려움을 호소하는 부모님은 왜 더 많아질까? 왜 더 흔들리고 속 끓이고 흔들리고 불안해할까? 꼬리에 꼬리를 무는 질문에 생각이 많아졌다.

"원장님, 언제쯤 애들 키우기가 수월해져요?"

"군대 다녀와도 힘들더라고요."

"원장님, 한글 공부는 언제부터 시켜야 할까요?"

"그냥 내버려둬요. 자기가 불편하면 기를 쓰고 읽어요."

"원장님, 애가 말대꾸를 해요. 어떻게 훈육해야 하나요?"

"이제 OO는 다 컸네요. 생각이 대꾸할 만큼 그렇게나 많이 자랐어요?"

엄마들의 질문에 내 대답은 항상 간단하다. 참말로 말이 안 통하는 원장이다. 하지만 내 답변에 서로 한바탕 웃고 나면 엄마의 얼굴이 환해지는 것이 금세 보였다.

20여 년 전 나와 함께했던 꼬맹이들은 어엿한 성인이 되었다. 그 시절의 엄마들 걱정과 달리 자기 자리에서 자기 역할을 톡톡히 해내고 있었다. 그들도 흔들리고 속 끓이지만 중심 잡기를 반복하며 잘 살아 있다. 앞날도 고민하고 성장을 위해 노력하면서 말이다.

부모 됨은 누구나 흔들리고 속 끓이고 추스르기를 반복한다

가만 생각해 보니 스물아홉 살, 스물여섯 살 아들 둘의 엄마 입장으로 되돌아보면 난 지금도 힘들다. 의사가 된, 남들 눈에는 걱정 한 번 끼치지 않고 자랐을 것 같은 큰 녀석은 연애도 하지 않고 게임 하느라 날밤을 새워서 걱정이다.

뜀박질을 좋아해 한국 최고의 체육대학에 다니는 둘째 녀석도 남들 눈에는 부럽기만 하겠지만, 술을 너무 좋아해 엄마로서는 정말 골칫덩어리다. 유아 교육 전문가라고 줏대 있게 아이를 키웠다고는 하지만, 우리 집도 부모와 자식 간에 바람 잘 날이 없다.

나도 내 새끼들과 함께하면서 불안해 봤고, 속 끓여봤고, 흔들려봤다. 지금도 미숙하고 성장 중이다. 다만 이런 마음들을 남들에게 들키지 않으려고 더 많이 웃고, 더 많이 용기를 내고, 더 많이 도전했다. 또 어떻게 마음을 추스르는지 나만의 중심 잡는 방법을 찾는 일을 게을리하지 않는다.

아이가 의사라서, 뜀박질을 잘해서 줏대 있게 키웠다는 건 절대 아니다. 게임과 술은 어쩌면 아이들의 '쉼'일지도 모른다. 이해하면서도 조금만 줄였으면 하는 것이 부모 마음이다. 녀석들이 자신의 성장을 위해 스스로 방향을 정하고, 건강한 사회의 일원으로 성장하고 있는 것을 나는 더 높게 평가하는 것이다. 육아의 답은 항상 나에게 있었고 아이들은 본인들의 길을 잘 가고 있다.

육아를 버거워하고 힘들어하는 부모님들을 가만히 들여다보니 육아에 대해 착각을 하고 있었다.

첫 번째는 역할과 조건에서 착각하고 있었다.

낳기만 하면 모성이 생길 거라는 믿음 때문에 아이에게 미안한 마음과 죄책감과 불안감에 사로잡혀 있었다.

두 번째는 목적에서 착각하고 있었다.

육아의 목적이 잘 키워야 한다는 생각에 기대치를 높게 잡아 강박감에 시달리고 있었다.

세 번째는 방법에서 착각하고 있었다.

수없이 많은 육아 정보를 꿰뚫고 남의 육아를 탐하며 정작 본인은 갈 길을 잃고 헤매고 있었다.

엄마의 시선을 내 아이 중심으로 이동시키는 것이 육아의 본질이다.

이것은 방(防)과 패(牌)다.

부드럽지만 단단해야 한다.

융통성은 있지만 단호해야 한다.

흔들려도 꼬꾸라지지는 말아야 한다.

멋진 엄마가 되는 비법은 이런 착각에서 벗어나는 일이다.

돌봄이 아닌 성장에 주목하는 역할을 하고

지금의 아이를 바라보고 이해하며 즐거움을 찾는 목적을 가지며

부모의 시선을 아이에게 이동시키는 방법을 제시한다.

엄마들의 착각을 깨트리고 우리 사회 모두가 내 아이를 금쪽같이 여기는 귀하고 건강한 아들딸로 성장시키는 것이다.

육아의 어려움이 나만 겪는 일 같지만, 세상의 모든 부모가 겪고 있는 일이다.

잃은 길의 방향을 다시 잡고,

흔들리고 휘둘리는 마음에 기둥을 세우고,

펄펄 끓는 속앓이를 진정시키는 방법은 내 안에 육아 기둥을 단단히 세우고 다지는 일을 게을리하지 않는 것이다.

지금까지의 불안한 육아관의 접시를 깨트리는 것이 아니고, 불안감마저도 보듬어 안으며, 잊고 있었던 나만의 멋진 육아관을 깨우는 시간이 되길 바란다.

이 책을 통해 내 아이와 함께하는 세상살이의 기쁨을 엄마들과 함께하며 흔들리는 엄마도 중심 잡게 되는 비법을 나누려 한다.

멋진 엄마가 된다는 것은 아이와 성장을 함께하면서 불안하고, 속 끓이고, 흔들리면서도 해결을 반복한다.

마치 롤러코스터를 타는 것처럼 짜릿한 세상살이의 참맛을 볼 수 있다. 그 과정에서 엄마는 세상살이 나이테가 늘어가고 단단해진다.

중심에는 아이들이 있었다. 세상 엄마들이 '아무튼 난 멋진 엄마다'를 외치며 무너지고 약해지는 자존감을 회복하길 바란다.

멋진 엄마로 가는 길은 엄마의 시선이 아이에게로 향하는 것이다.

"아무튼 난 멋진 엄마다!"

2022. 5. 5. 강문정

차례

PART 1

나도 멋진 엄마가 될 수 있을까?

어둡고 좁은 공간에서 꼬물거리고 발로 차며 자신의 존재를 알리던 한 생명이 세상 밖으로 나왔다. 그렇게 열 달 동안 내 배 속에서 함께하던 아이가 세상에 나오던 날, 아이가 태어났고, 나도 엄마로 태어났다.

아이가 태어나면
엄마도 태어난다

작은 꼬물거림

임신 5개월쯤 되었을까? 왼쪽 옆구리에서 꼬물거리는 작은 움직임을 느낄 수 있었다. 잠시 후 한 번 더 꼬물거림을 감지했을 때, 아이의 움직임이라는 걸 직감했다. '내가 아이와 한 몸이구나'를 느꼈고 내가 진짜 엄마가 되었다는 것을 확인하는 날이었다.

너무 기분이 묘했다. 그 작은 꼬물거림은 마치 팥죽을 쑬 때 다 끓으면 뻑! 뻑! 올라오는 팥죽 왕관처럼, 아주 작은 폭죽을 간간이 터트리는 기분이었다. 잠잠하다가 한 번씩 꼬물거림으로 '엄마, 나 잘 자라고 있어요'라고 자신을 확인시켜 주고 있었다. 배 속의 아이에게 난 기도를 했다.

'손가락 열 개 발가락 열 개, 건강하게 만나자.'

더 바랄 것은 없었다. 건강하게 만나기를 바라는 것만으로도 충분했다. 첫 만남이 작은 꼬물거림이었지만 아이가 보내는 첫 신호에 엄마가 된 것을 확인하는 순간이었다.

이후 남들도 다 한다는 태교도 어설프게 시작했다. 아이의 정서를 위해 클래식 음악도 듣고, 아이의 건강을 위해 좋은 것만 먹고 좋은 것만 들으려 애썼다.

입에 달고 살던 커피도 끊었다. 매운 음식이 있어야 밥을 먹었던 내 28년의 입맛까지 바꾸었다. 큰소리로 싸움하는 소리만 들려도 귀를 막았고 아이가 답답함을 느낄까 봐 고무줄 바지나 원피스만 입었다.

그런 엄마의 노력에 보답이라도 하듯 꼬물거리던 녀석은 이젠 퍽퍽 발길질까지 하며 곧 세상 밖으로 나올 준비를 하고 있었다. 그동안의 생활 습관뿐 아니라 가치관까지도 나보다는 아이가 먼저라 생각하며 내 몸과 마음을 엄마로 부모로 세팅해 나갔다.

아이가 태어났고, 엄마도 태어났다

분만실은 낮에도 하늘에서 별이 반짝인다. 나도 별을 쪼끔 봤다. 진통하고 있을 때 옆에서 지켜보던 언니는 수시로 내게 물었다.

"별이 보이니?"

"아니."

"그럼 아직 멀었다."

밤새 식은땀을 줄줄 흘리며 진통이 찾아올 때마다 앓는 소리로 참아냈다.

"언니, 이제 별이 보여."

"몇 개나 보여?"

"몰라."

"보이던 별이 안 보여야 애가 나온다."

하지만 난 보이던 별이 안 보일 때까지 진통하며 기다리다가 결국 제왕 절개 수술을 해야 했다. 회복실에서 눈을 뜨니 진통 때만큼 매우 아팠다. 지금은 그때의 아픈 강도는 잊었지만 살면서 그렇게 아파본 적은 없었다.

어둡고 좁은 공간에서 꼬물거리고 발로 차며 자신의 존재를 알리던 한 생명이 세상 밖으로 나왔다. 그렇게 열 달 동안 내 배 속에서 함께하던 아이가 세상에 나오던 날, 아이가 태어났고, 나도 엄마로 태어났다.

앙증맞은 손과 발, 아빠를 쏙 빼닮은 얼굴, 작은 입으로 온 힘을 다해 젖병을 빨 때면 콧잔등에 송골송골 땀이 맺혔다. 울 때도 먹을 때도 쌀 때도 잠잘 때마저 아기는 무슨 일이든 온 힘을 다하며 자기 의지대로 세상과 마주했다. 그 모습이 경이로웠다.

난 제왕 절개 수술을 한 뒤라 너무 아파서 다음 날이 되어서야 아기를 만날 수 있었다. 내가 정신을 차리고 아이와 마주하며 가장 먼저 한 일은 앙증맞은 손가락과 발가락을 세어보는 일이었다. 몸 구석구석을 만져보며 건강을 확인했다. 그런 다음에야 아이의 얼굴이 눈에 들어왔다. 어머나, 세상에! 눈을 질끈 감고 기분이 언짢은지 인상을 팍팍 쓰고 있고 힘쓰느라 빨갛게 달아오른 얼굴이 너무나 안 생겼지만, 너무 예뻐서 눈물이 났다. 그 모습을 보고 난 아이에게 마음속으로 당부했다.

'건강하게만 자라다오.'

1992년 12월의 일이니 벌써 30년의 세월이 흘렀다. 다시 그때를 떠올리니 어제처럼 기억이 너무나 생생하다. 아마 내가 나이를 먹고 또 먹어도 이 기억만큼은 생생할 것이다.

남자들이 모이면 군대에서 축구 경기를 한 이야기를 한다. 여자들이 모이면 애 낳은 이야기를 종종 한다. 나는 축구 경기를 한 이야기는 들을 때마다 재미도 없고 잘 모르겠다. 축구공이 찢어졌거나 바지나 운동화가 좀 터졌겠지. 아니면 이마에서 피 좀 났겠지. 그래도 남자들은 자꾸만 군대에서 축구 경기를 한 이야기를 한다. 하지만 여자들이 애 낳은 이야기를 왜 하는지 난 정확하게 안다.

세상에서 가장 신성하고 경이롭고 값진 이야기다. 생명을 품은 한 우주가 지구에 안착했다. 그리고 '엄마'로 다시 태어나게 해주었기 때문이다.

가장 행복한 미소를 가진 사람

그 후 병원 생활 일주일 동안은 의료진이 아이를 돌봐주었다. 퇴원하면 오롯이 나 혼자서 아이를 돌봐야 했다. 내 몸도 힘든데 아이까지…. 두려웠다.

아이는 집으로 오는 날부터 울기만 했다. 미숙한 엄마는 아이가 왜 우는지 알 수 없었고, 아직 수술 후 회복이 안 된 몸이라 앉아서 안아줄 수 없었고, 무엇을 도와야 할지도 몰라 불안하게 헤맸다.

유일하게 할 수 있는 방법은 누워서 내 가슴 위에 아이의 가슴을 맞대고 토닥이는 일이었다. 그러면 아이는 금세 울음을 그치고 이내 편안히 잠이 들었다. 잠든 아기가 깰까 봐 움직이지도 못

하고 누워 있기를 반복했다. 내 허리가 끊어질 듯 아파도 아이의 잠이 더 중요했다. 그렇게 시간이 지나면서 아이도 나도 안정을 찾아갔다. 아이와 함께하는 과정에 기쁨과 두려움이 머릿속에서 널뛰기하며 혼란스럽게 공존했다.

아이가 자라면서 시간 맞춰 분유를 타야 했고, 젖병 삶다가 태워 먹기를 밥 먹듯이 했다. 아이 몸에 해로울까 봐 종이 기저귀는 외출할 때만 사용했고 집에서는 천 기저귀를 사용하며 손목이 시릴 정도로 빨아댔다. 작디작은 녀석이 먹는 욕심이 과해 토하기 일쑤여서 이불이며 옷이며 삶아 빨아 널기를 반복해야 했다.

신기한 것은 내 몸이 아이 몸무게에 맞춰 회복하고 적응해 가는 것이다. 내 몸은 내가 가진 에너지의 용량을 초과해 힘든 하루를 보냈어도 내 체력은 그 한계점을 넘어 용량을 더 키워 아이에게 맞게 다시 세팅되고 있었다.

아이가 아파 밤새 칭얼거려 밤잠을 설쳤을 때도, 온 집 안을 휘젓고 돌아다니며 난장판을 만들어버렸을 때도 나는 혼자 할 수 없을 거란 내 틀과 사고를 깨고 점점 아이에게 적응하고 생활에 적응하고 있었다.

4kg의 작은 몸도 못 안아주던 내가 6kg, 8kg, 10kg으로 자란 아이를 혼자서 둘러업고 집안일도 척척 하는 슈퍼 엄마가 되어갔다. 아이 몸에 내 몸도 찰떡같이 적응하고 있었다. 아이는 나를 이

세상에서 가장 바쁘고, 욕심 부리고, 억척스럽게 만들었지만, 가장 행복한 미소를 가진 엄마로도 만들어주었다.

엄마의 기억은 휘발되지 않는다

친정엄마는 여덟 아이를 낳으셨다. 남자아이 한 명은 어릴 적에 잃고, 1남 6녀, 일곱 남매를 곱게 키우셨다. 여덟이나 낳았는데 엄마는 여덟 자식 낳던 날을 모두 생생하게 기억하고 계셨다. 자식 하나를 낳았든, 둘을 낳았든, 여덟 명을 낳았든 간에 엄마의 기억은 휘발되지 않았다. 그 기억이 엄마의 가장 큰 행복이지 않았을까?

내가 엄마로 적응한다는 것은 긴긴 시간 동안 아이와 성장을 함께하면서 흔들리고, 마음 아프고, 두렵고, 불안하고, 세상살이의 희로애락을 다 겪는 과정에 아이들이 있어서 그때그때 힘을 낼 수 있었고 즐겁고 좋은 기억을 더 많이 떠올릴 수 있는 부모로 되어간다는 것이다.

우리 엄마 시대와 비교해, 또 내가 육아하던 때에 비해 현재는 육아 환경도 많이 달라졌다. 도구는 더 편리해지고, 도움을 청하면 도와주는 서포터도 많아졌다.

그런데 육아는 더 힘들어졌다. 어떤 부모는 아이 키우면서 좋은 것들을 더 많이 기억하고, 어떤 부모는 아이 키우면서 힘든 것들을 더 많이 기억한다. 아이와 함께하는 시간이 가장 행복하다고 말하는 사람들은 그 순간의 조건과 상황에 맞게 행복을 찾기 때문이다.

어떤 경우든 부모가 되어 아이들과 세상살이에 유연히 적응해나가는 과정은 롤러코스터를 타는 것처럼 짜릿한 세상살이의 참맛을 느끼게 해준다. 설령 지금껏 세상을 살아온 기억을 다 잃는다는 치매가 온다고 해도 내 아이를 낳았던 기억만큼은 단단히 잡고 있을 것이다. 여느 엄마들처럼, 나도 내 가장 큰 행복은 내가 엄마라는 사실이다.

엄마로, 부모로 계속 적응 중이다

엄마가 되면서 아이와 함께하는 과정은 3월 어린이집의 모습과 닮았다. 아이들도 처음 어린이집에 오면 낯선 환경에 적응하느라 온 힘을 다해 애를 쓴다.

하지만 엄마의 품을 떨어져 절대 그치지 않을 기세로 울어대던 아이들은 언제 그랬느냐는 듯 시간의 흐름 속에서 마음의 문을 열고 변화된 환경에 적응하면서 잘 지낸다.

어느 정도 적응도 잘하고 잘 놀고 있다가 한 살 더 먹어 반이 바뀌면 그 반에서 새로운 친구들과 새로운 교실과 새로운 선생님에게 또 적응한다.

이번에는 처음보다 좀 쉽다. 아이가 이렇게 낯선 환경과 마주하며 적응하는 일은 자기 살길을 잘 찾아 스스로 헤쳐 나가면서 성장하는 과정이다.

육아도 마찬가지이다. 아이가 태어나면서부터 엄마로서, 부모로서 처음 겪는 낯선 환경은 불안하고 두려울 수밖에 없다.

그렇다고 부모가 처음이라고, 그래서 힘들다고 맨날 징징거리고 주변 사람들에게 투정만 부린다면 부모로서 멋진 모습이 아니다. 이런 부모의 모습을 아이도 바라지 않을 것이다.

아이의 성장이 기쁘기도 하지만 그에 따른 적응은 만만치 않게 힘든 과정이다. 대부분 부모들은 아이와 부대끼면서 서로에게 의지하며 적응해 나간다. 나도 서른 살이 가까워지는 아들 둘과 지내면서 지금까지도 모양을 달리하며 성장하는 아이들에게 적응 중이다.

나의 세상은 두 개로 나뉜다. 엄마가 아니었던 세상과 엄마인 세상이다.

엄마가 아닌 세상에서는 길거리의 노숙자들, 떠밀리는 지하철 속 사람들의 인권은 관심도 없었다. 화장품도 옷도 책도 나를 위해서만 샀다. 먹고 쓰고 자는 모든 것은 나만을 위해서였다. 심지어 세상의 중심은 나라고 생각했다.

엄마인 세상은 모든 게 달리 보이고 달라졌다. 그 어디에도 천한 사람은 없다. 그 사람도 누군가의 귀한 자식이므로. 많이 베풀게 되었다. 내가 베풀면 내 새끼에게 돌아온다는 믿음이 생겼으므로. 세상의 중심은 아이가 되었다. 내 품 밖으로 나온 또 다른 나이기 때문에.

분으로 시간을 쪼개고 쪼개서 잠을 자야 했다. 아이의 작은 움직임에도 내 세포들이 반응하기 때문에. 내 생체 시간은 아이 중심으로 흘러갔다. 아이 울음소리에 젖이 불고, 아이가 잠들면 화장실에 가게 되었다. 마트 한 귀퉁이쯤에서 들리는 남의 아이 울음소리에도 귀를 기울이게 되었다. 혹시 엄마를 잃어버렸을까? 기쁨으로 가득 차 자꾸 눈물이 흘렀다. 자는 모습, 노는 모습, 먹는 모습, 모두가 경이로워서.

내 밥은 항상 접시마다, 그릇마다 모두 펼쳐져 있다. 아이가 먹다 남긴 건 모두 내 몫이니까. 맛있는 걸 먹을 때도, 좋은 곳을 여행할 때도 아이 생각이 났다. 다음엔 꼭 함께 오리라. 학교 단체사진 속에서 내 아이만 눈에 들어온다. 보석처럼 빛나기 때문에.

내 엄마 생각이 더 간절해졌다. 엄마도 나를 이렇게 키웠을 거야. 그리고 내가 가진 수많은 모든 감정을 아이와 함께하면서 모두 꺼내서 사용해 볼 수 있었다.

이렇게 아이와 함께한 시간은 어느 순간 성취감으로 변해 있었고 내 사고가 유연해지면서 세상의 이치를 좀 더 알게 되었다. 엄마이기 때문에 세상살이에 흔들려도 중심을 잡으며 부모 경로를 이탈하지 않으려 애쓰고 있다. 지금도 멋진 부모로, 멋진 엄마로 계속 성장하며 적응 중이다.

엄마를 위한 동화 1

《엄마도감》

권정민 글·그림
웅진주니어

나는 왜 멋진 엄마가 아닐까?
(미안함, 죄책감)

14개월 차 엄마의 눈물

"아이를 어린이집에 보내기가 하늘의 별 따기보다 어렵다"고 말하는 부모가 많다. 보통 인구 유입이 한꺼번에 되는 신도시이거나, 주변에 어린이집이 없는 경우가 그렇다. 내가 운영하는 어린이집은 신도시에 있어 인구 유입이 한꺼번에 이루어진 상황이었다. 그래서 아이가 태어나자마자 입소를 신청해 기다리는 경우도 종종 있다.

올해도 부모님들에게 입소 차례가 되었다고 소식을 알리는 전화를 했다. 전화를 받는 부모들의 반응은 여러 가지다. 차분히 반

가움을 표시하는 부모님도 계시고, 전화를 간절히 기다리던 부모님은 환호성에 가까운 반가움을 표현한다. 어떤 반응을 하든지 부모님들의 간절한 마음은 오롯이 내게 전달이 된다.

오늘 전화를 받은 부모님은 담담하게 기쁨을 표현하셨다. 오리엔테이션 날짜, 입소 시 제출 서류, 적응 기간 등을 알려드리고 궁금한 점이 있으면 질문하라고 했다. 기쁨도 잠시, 전화기 너머 부모님은 말이 없다. 잠시 침묵이 흐르고 내가 먼저 입을 열었다.

"어머니, OO이 11월생인데 3월이면 15개월이 좀 넘네요."

"……"

훌쩍이는 소리가 들렸다.

"어머니 무슨 일 있으세요?"

간신히 말을 꺼낸 엄마의 목소리가 들렸다.

"아직 아이가 어린데 둘째가 생겨서 큰아이한테 너무 미안해서요."

"아하~~ 어머니!"

이럴 땐 본능적으로 우는 부모님을 위로해 줄 나만의 방법이 있다. 일단 힘차게 불러줘야 듣는 엄마의 마음속으로도 힘이 들어간다.

"지금 어머님이 걱정하시는 일이 무엇인지 저도 다 이해해요. 하지만 지금 하는 걱정 중에 실제로 일어나는 일은 거의 없어요.

아무 일도 안 일어나요."

"……"

"걱정하는 엄마 마음은 당연한 거예요. 근데 신기하게 아이 나름대로 잘 자라고 있어요."

"……"

훌쩍거리는 소리는 계속된다.

"옛날 할머니들이 아이가 태어나면 저 먹을 건 가지고 태어난다고 하셨잖아요. 마찬가지예요. 아이들도 제 살길은 다 알아서 척척 해내요. 아이들은 엄마 생각보다 훨씬 강하고 씩씩해요."

"네~~ 고맙습니다."

한결 마음의 여유를 찾은 듯했다. 덧붙여서 나도 큰애 어린이집 보냈던 경험과 지금 어린이집에 있는 연년생 아이들이 적응하는 모습들을 들려주며 한참 동안 위로를 해드렸다.

아직 엄마 품이 더 많이 필요한 16개월 어린 딸을 첫 사회에 내보내야 하는 엄마의 마음을 고스란히 느낄 수 있었다. 첫째도 아직 너무 어린데 둘째가 생기니 품을 더 내어주지 못한 죄책감과 더 많이 돌봐야 하는데 책임을 다하지 못한 미안함이 공존하는 엄마의 모습이었다.

6년 차 엄마의 눈물

"원장님, 눈물이 나서 원장님 책을 더는 못 읽고 덮었어요."

난 아직 출근 전이고 은혜·은지 엄마는 지금 출근하는 시간이라 여유롭게 책을 읽을 만한 시간이 아니었는데 왜 이런 문자를 보냈을까 의아했다. 나의 첫 책 《깜빡하는 찰나 아이는 자란다》를 출간한 지 얼마 안 되어서의 일이다.

잠시 후 또 문자가 왔다.

"지하철 타고 출근하면서 원장님 책 읽고 있어요. 눈물이 나서 읽다가 멈추었어요."

궁금했다. 왜 눈물이 났을까. 재밌게 쓰느라고 4년 동안 공을 들였는데, 무엇 때문에 눈물이 났을까.

"무슨 일 있으세요?"

어떤 상황인지 몰라서 다른 답문을 쓸 수 없었다. 그 후로 대답이 없다.

답답했지만 서둘러 어린이집에 출근해서 일찍 등원해 있는 은혜와 은지를 관찰했다. 아이들은 평소와 다름없이 편안한 모습이었고 담임 선생님이 아이들 머리를 묶어주고 계셨다. 등원 맞이한 선생님한테도 물어보니 그냥 평소와 같이 밝았다고 한다. 답답했다. 무슨 일이 있으셨을까? 좀 시간이 흐른 후 은혜·은지 엄마한테 전화했다.

"아침에 왜 눈물이 났어요?"

"아니~ 원장님 책 보다가 울컥해서 울었는데 사람들이 쳐다봐서 엄청 민망했어요."

"그 재밌는 책을 보면서 왜 울컥했어요?"

"엄마인 내가 애들한테 너무 못 해주는 것 같아서요. 머리도 못 묶어주고, 밥도 대충 먹이고 허둥지둥 출근했는데 책을 보면서 나만 애들한테 잘 못하는 것 같아서요."

"잘하고 있는데 뭘 잘 못해요. 아니, 엄청나게 잘 놀고 잘 먹고 잘 지내는 애들로 자라면 됐지! 뭘 더 바라고 자책해요~!!"

그제야 깔깔거리는 편안한 웃음소리가 들렸다. 평소 이 두 자매의 엄마는 아주 씩씩하고 유쾌했다.

나는 안다. 엘사 헤어스타일만을 고집하고, 분홍 드레스나 파란 얼음 드레스만을 입어야 하는 여자아이 둘 키우면서 이른 아침에 출근하려면 1분 1초가 얼마나 숨 가쁜지를. 그런 엄마에게 여유를 가지고 아이를 관찰하고 아이 소리를 들어주어야 한다는 얘기는 딴 나라 이야기처럼 들릴 것이다. 나만 아등바등 사는 것 같을 것이고, 아이에게 더 못 해줘서 미안하고, 등원하자마자 아이 머리부터 묶어주어야 하는 선생님들께도 죄송스러울 것이다.

엄마는 아이에게 항상 잘해 줘도 더 주고 싶어서 미안하고, 못 해주면 속상하고 책을 읽다가도 자책하는 사람이다. 하지만 아이들은 그냥 곁에 있어주고 바라봐주는 부모만 있으면 포근함과 편안함을 느낀다.

엄마의 역할만 강조하지 마세요

14개월 차 엄마에게 문자가 왔다.

"원장님, 얼굴도 모르는 분이 너무 따뜻하게 이야기해 주셔서 위로를 받았습니다. 고맙습니다."

6년 차 엄마는 딸들이 예쁘게 자라고 있는 것만으로도 기쁘다고 말씀해 주셨다.

아이는 나의 분신이 아님을 우린 안다. 성장 과정의 모든 것을 부모가 다 해줄 수 없음을 더 잘 안다. "엄마가 다 해줄 테니 넌 공부만 열심히 해"라고 드라마 속 엄마들은 종종 말하지만, 엄마가 모든 걸 다 해줄 수는 절대 없다. 아니, 그러면 안 된다. 그러면 아이는 바보가 된다.

부모의 역할에 관해 '엄마는, 아빠는 이래야 한다'는 규정은 없지만 아이가 성장하면서 배워야 할 것들은 무엇인지, 꼭 부모와 함께해야 하는 것들은 무엇인지, 아이 혼자서 터득해야 하는 것들은 무엇인지, 그중 부모가 도와줘야 할 것들이 무엇인지를 찾아 도와주는 것이 부모의 역할이다. 이런 역할을 수행할 때 부모의 존재 가치가 더 빛난다.

14개월 차 엄마도, 6년 차 엄마도 죄책감과 미안함은 가질 수 있지만 아이의 성장에 책임을 다하지 못한 것은 아니다. 멋진 엄마가 되는 것보다 나쁜 엄마가 될까 더 걱정이지만 엄마는 존재 자체만으로도 아이에게 힘이 된다. 엄마는 이래야 하고, 저래야 한다는 역할만 강조하다 보면 엄마의 존재 가치를 잃게 된다. 나는 엄마이고 아이와 사랑으로 연결되어 있다는 확실한 믿음만 있으면 아이는 차근차근 은근히 자란다.

그 마음을 아이들은 다 안다.

함께 생각해 봐요

내 아이가 성장하면서 꼭 필요한 것들은 무엇이 있을까요?

1. 성장하면서 꼭 배워야 할 것들은 무엇이 있을까?

2. 부모와 함께해야 할 것들은 무엇이 있을까?

3. 아이가 혼자서 터득해야 하는 것들은 무엇이 있을까?

4. 부모가 도와줘야 할 것들은 무엇이 있을까?

엄마를 위한 동화 2

《힐드리드 할머니와 밤》

첼리 두란 라이언 글/아놀드 로벨 그림
정대련 옮김
시공주니어

잘 키워야 하는데
(강박감, 조급함, 책임감)

모든 부모는 0에서 시작한다

아이들은 온종일 얼마만큼의 도전을 할까? 놀랍겠지만, 귤 까는 것조차도 처음엔 아이들에겐 도전이다.

귤이 입속으로 들어가는 과정은 단순해 보이지만, 네 살 정도의 아이라면 쉽지 않은 단계들을 거쳐야 한다. 먼저 귤을 손에 어설프게 들고 만지작거리다 손가락으로 꾹 찔러 껍질 벗길 준비가 되었어도 어른들처럼 껍질을 줄줄줄 깔 수 있는 것이 아니고, 조각조각 떨어진다. 콩알만큼 껍질을 벗겨 책상 위에 올려놓고, 또 벗기고 올려놓기를 수차례 반복하면 딱 먹기 좋게 귤이 속살을 드러낸다. 간혹 힘 조절이 안 되어 속살을 잘못 건드리면 과즙 세례를 받기도 하지만 내가 깐 귤이 입속으로 들어가는 순간 환한 미소가 지어진다.

이런 과정을 못 거치는 아이들도 많다.

여섯 살 준수가 그랬다. 귤 까기도 그렇지만 뭐든지 처음 시도하는 것에는 겁부터 냈다. 밥을 먹을 때도 주변에 흘리고 먹는 법이 없고 먹다가 옷에 묻기라도 하면 그 자리에서 옷을 벗어야 한다.

이런 준수의 엄마는 바지런하시다. 아이의 옷차림이 항상 깨끗하고, 어린이집에 보내는 아이 물건들을 보면 엄마의 손끝이 야무지다는 것을 금세 알 수 있다. 조금도 흐트러짐이 없는 깔끔한 살림꾼이다. 가정 연계로 보내주시는 사진 속 집 안 풍경은 깜짝 놀랄 정도로 정리 정돈이 잘 되어 있다. 아이에게 귤을 줄 때도 바로 집어 먹을 수 있도록 한 쪽 한 쪽 깨끗이 까서 주신다고 했다. 그러니 준수는 귤을 까본 경험이 없어서 귤을 못 깐다. 친구들은 접시에 놓인 귤을 덥석 집어 껍질부터 까기 시작하지만 귀염둥이 준수는 그냥 앉아 있다. 선생님이 껍질을 까서 줄 때까지 바라보며 기다리고 있다.

준수 엄마는 살림과 육아가 너무 힘들다며 내게 종종 하소연했다. 또 어느 날은 내가 왜 사나 우울하기까지 하다고도 했다. 옆에서 가만히 지켜보니 안 해도 될 걱정까지 해가며 참 힘들게 산다는 생각이 들었다.

아이가 스스로 할 수 있는 일까지도 다 해줘야 하니 엄마 몸과 마음이 힘든 건 당연하다. 준수 엄마는 아이의 모든 걸 다 해줘야 직성이 풀리는 엄마였다. 모든 걸 완벽하게 해야 최선을 다했다고 생각하는, 누구보다도 아이 둘을 잘 키우고 싶은 엄마였다. 그런 마음을 내려놓지 못해 엄마는 고달팠다.

모든 걸 다해 주는 것이 부모로서 책임을 다하는 것이 아니다. 아이들이 어설프게라도 엄마를 도와줄 수 있는 시간과 공간을 만들어주는 것이 더 좋은 방법이다.

뒷수습을 더 많이 해야 하지만 싱크대에 발판 딛고 올라가 설거지도 할 수 있고, 시장에서 사 온 콩도 깔 수 있고, 엄마가 청소할 때 물티슈라도 쥐어 주면 여기저기 닦고 다닌다. 더욱이 아이들은 이런 행동을 하면서 엄마를 엄청나게 도왔다는 기쁨과 성취감을 느낀다.

설거지하다 바닥이나 주변에 물 흘리지 않을까를 더 걱정하고, 콩 까면서 집 안 어지를 것이 더 염려되고, 청소 도와준다고 다칠까 우려되는 마음을 내려놓으면 아이도 엄마도 즐거운 일상을 보낼 수 있다.

잘 키우고 싶은 마음에 모든 것을 다 해줘야 한다고 생각하는 고달픈 엄마보다 모든 걸 다 해줄 수는 없지만, 함께할 수 있도록 기회와 공간을 마련해 주는 엄마가 더 멋진 엄마다.

처음부터 잘하는 엄마는 없다. 모든 부모는 0에서 시작한다.

완벽하게 자란 자식은 없다

나도 아이를 키우면서 더 해주지 못해 미안하고 챙겨주지 못해 수없이 많이 고민했다.

아이가 초등학교 저학년 때 일이다. 아침에 비가 오지 않다가도 하교 때에 비가 오면 아침에 우산 챙기는 걸 깜빡해 비 맞으며 집으로 뛰어올 녀석들 걱정에 마음이 편치 않았다.

그 시간에 나는 어린이집 아이들을 돌봐야 했다. 남의 집 귀한 자녀를 나에게 맡겼으니 그 책임을 다하느라 내 새끼들은 늘 뒷전이었다. 내리는 비를 바라보며 책임을 다하지 못한 것 같아 마음이 흔들리고 있었다.

'비를 쫄딱 맞고 목에 걸고 간 열쇠로 현관문 열고 맞아줄 엄마가 없는 빈집에 혼자 들어가는 마음은 어떨까?'

'다른 아이들은 우산 들고 학교 앞에서 기다리던 엄마와 함께 우산 쓰고 도란도란 이야기하며 집으로 향하는 모습을 보며 내

새끼들은 무슨 생각을 할까?'

퇴근해 집에 오면 당연히 젖은 옷 갈아입어 집 안도 엉망이고 가방 속 책까지 몽땅 젖어 있는 날도 있지만, 아이들은 비 맞고 뛰어오다가 친구 엄마가 우산을 빌려줬다는 둥, 물웅덩이에서 찰방거리며 친구랑 재밌게 놀았다는 둥 엄마 마음과는 달리 비가 오는 날의 재미있는 일만 기억하고 있었다. 그렇게 우리 아이들은 엄마를 이해하고 상황을 받아들이며 나름의 재미를 찾아 지내고 있었다.

이 세상 부모라면 내 아이를 잘 키우고 싶은 마음은 하나같다. 더 못 해줘서 미안하고, 더 챙겨주고 싶고 잘 키우고 싶은 책임감에 엄마의 몸과 마음은 더욱더 단단해진다.

아이가 넘어져도, 밥을 안 먹어도, 친구와 싸우는 것조차 제대로 돌보지 못한 내 탓인 양, 책임을 다하지 못한 것처럼 죄책감을 느낀다. 우울하기까지 하다. 엄마라면 본능처럼 느끼는 마음이다. 그렇다고 이런 마음을 갖는 것이 나쁜 것은 아니다. 완벽하게 아이에게 모든 걸 다 해주면서 아이를 훌륭하게 키워낸 부모는 단언컨대 이 세상에 없을 것이다. 완벽한 부모도 없지만, 완벽하게 자란 아이도 없다.

다행히 우산 안 쓰고 집에 달려왔던 일도, 목에 열쇠 걸고 혼자 집에 들어오는 일도, 책임을 다하지 못한 것 같은 마음은 엄마만 신경 쓰고 미안해했지, 그땐 엄마도 힘들었을 것이라고 두 아들은 추억하고 있다. 정말 아이들은 엄마의 마음과 상황을 잘 이해하면서 완벽할 수는 없지만 자기 앞가림 잘하면서 자란다.

"그대는 내가 아니다, 추억은 다르게 적힌다."

가수 이소라의 〈바람〉에 나오는 일부 노랫말이다.

아이들도 그렇다. 엄마의 추억과 아이들의 추억은 다르게 적혔다.

우리 아이 문제없어요

나는 라디오 프로그램 〈여성시대〉의 '우리 아이 문제없어요'라는 코너에서 상담을 해주시는 서천석 박사님의 찐 팬이다. 그는 육아로 고민이 많은 엄마의 고민을 들어주고 "우리 아이 괜찮아요", "우리 아이 문제없어요"라는 말을 전하며 부모로서 해야 할 역할에 너무 책임감과 죄책감을 느끼지 않을 것을 늘 당부한다.

부모들은 아이에게 미안하고 걱정이 많고 책임감과 부모의 역할만을 강조하는 사회에서 우리 아이는 정말 괜찮다고 하며 부모들을 다독이니 그 말만 들어도 얼마나 위로를 받을까. 라디오지만 직접 상담실에 있는 것처럼 "우리 아이 괜찮고 잘 성장하고 있다"는 말만 들어도 마음속에 차곡차곡 쌓였던 아이에 대한 미안한 마음이 싹 씻겨 내려갈 것 같았다.

숨이 턱턱 막히고, 도저히 풀릴 것 같지 않은 수수께끼 같은 육아로 내 아이가 잘못되면 어쩌나 때문에 속 끓이는 부모들에게 "우리 아이 괜찮아요"라는 말만 들어도 부모도 아이도 정말 괜찮은 방향으로 성장할 것 같고 힐링이 된다.

마치 앞마당의 꽃밭에 봉숭아도 채송화도 백일홍도, 또 간간이 잡초도 서로 어우러져 피는 것처럼, 아이의 뾰족뾰족한 마음도 엄마의 숭숭 뚫린 듯한 마음도 모두 괜찮고 모두 존중받는 듯하다.

마당 꽃밭에서 그냥 아무렇게나 자라는 것처럼 보이는 봉숭아도 때 되면 꽃피고, 때 되면 씨앗을 맺으며, 때 되면 씨앗을 퍼트리고, 씨앗 속에서 급하지 않게 다음 해를 기다린다.

때를 기다려줘야 하는 우리 아이들의 모습과 많이 닮아 있다. 잘 키우고 싶은 부모의 조급한 마음이 우리 아이를 문제 있게 만든다.

우리 아이 문제없는 것 맞다.

오늘을 버틴다? 내일을 준비한다!

코로나 바이러스로 인한 팬데믹 상황이 2년 동안 지속되고 있다. 코로나19가 시작된 2020년 초에 느닷없이 빅 데이터에 '파김치' 언급량이 급증했다고 언론에서는 보도했다. 함께 언급된 단어는 놀랍게도 '엄마', '매일', '아이' 등이다. 난 안다. 왜 파김치와 엄마가 함께 언급되었는지를….

이 기간에 어린이집은 긴급 보육으로 운영되었고, 집에 아이를 보호할 어른이 있으면 가정에서 아이를 돌봐야 했다. 부모 모두 직장을 다니거나 꼭 필요한 경우에만 등원했다. 그러다 보니 어린이집에 다니는 다수의 아이가 집에서 생활을 이어갔다.

이런 상황이 장기화하면서 엄마들은 매일 아이들과 함께하고 그사이 온몸이 '파김치'가 되어간다는 것을 금세 알 수 있었다. '파김치'는 바로 '엄마'였다.

엄마가 되면 내 몸 밖으로 나온 또 다른 어린 생명을 돌보기 위해 온몸에 힘을 꽉 주고 산다. 자식을 바르고 안전하게 키워내야 하므로 책임이 더해져 강도가 더 세진다. 온 힘을 기울인다는 표현이 더 적절할 것 같다. 몸 근육과 마음 근육이 경직되고 주변을 둘러보거나 내 마음을 돌아보는 일에 소홀해지기 마련이다.

나만의 동굴 속에 갇히게 된다. 엄마가 이렇게 되면 더 큰 문제는 아이가 힘들어할 때 포근히 감싸주어야 할 가슴을 내어주어야 할 때를 알아차리지 못하는 것이다.

엄마는 자식으로 인해 가장 강한 존재이기도 하고 가장 약한 존재이기도 하다. 예기치 않은 일이 연속적으로 일어나는 육아 때문에 마음 졸이고 책임을 다하느라 파김치가 되어가는 것은 현실이다.

'더치페이'란 말을 모두 알고 있을 것이다. 함께 먹고 마신 후 각자의 몫을 나누어 계산한다는 뜻이다. 그런데 이 '더치'라는 단어가 영국인이 네덜란드 사람을 비하하는 말이라고 해서 '각자내기'로 순화해서 사용한다고 한다.

우리도 육아를 말할 때 '파김치가 된다' 같은 부정적인 말, 육아는 버티는 것이란 마음이 들게 하는 독박 육아, 육아 전쟁이란 무시무시한 말보다는 내일을 준비하는 마음을 가질 수 있도록 즐거운 육아, 행복한 육아, 신박한 육아, 관찰 육아, 힐링 육아, 다 함께 육아와 같은 듣기만 해도 웃음이 나올 수 있는 말을 사용함으로써 엄마들을 배려해 주고 힘을 주며 어떨까.

육아는 오늘을 버티는 것이 아니라 내일을 준비하는 것이다.

엄마를 위한 동화 3

《이까짓 거!》

박현주 지음
이야기꽃

귀가 가장 얇으신가요?

엄마가 흔들리면 아이는 넘어진다

프랑스 라퐁텐 우화집에 〈방앗간 주인, 아들 그리고 당나귀(The miller, his son and the donkey)〉라는 이야기가 있다.

한 방앗간 주인과 그의 아들이 당나귀를 내다 팔기 위해 끌고 갔다. 그런데 지나가던 방물상이 "이런 바보들을 봤나? 당나귀 뒀다 뭐하고 걸어가느냐?"라며 비웃자 아버지는 아들을 당나귀에 태우고 간다.

그 모습을 본 노인들이 "불효막심한 놈, 자기 편하자고 늙은 애비를 걷게 하다니!"라며 크게 화를 낸다. 이에 아들이 내리고 아버지가 당나귀를 타고 간다.

이번에는 우물 앞에서 물을 긷던 아줌마들이 그 모습을 보고 "비정한 인간, 어떻게 아버지가 되어서 어린 아들을 걷게 놔둘 수가 있어요?"라며 화를 냈다. 그러자 부자(父子)가 같이 당나귀를 타고 간다.

그것을 본 한 무리의 건장한 사나이들이 아버지에게 "못된 사람들 같으니라고! 짐승이 불쌍하지도 않소?"라고 말했고, 이에 부자는 당나귀의 다리 둘을 막대기에 묶어 어깨에 메고 가게 된다. 이 모습은 순식간에 사람들에게 웃음거리가 된다.

그러다가 마을 입구의 다리를 지나가는데, 당나귀는 밑에 물이 흐르자 겁이 나서 발버둥 치다가 개울에 빠져 익사한다. 당나귀를 놓친 부자는 잔뜩 풀이 죽은 채로 귀가한다. (출처: 나무위키)

내 생각보다는 남의 말에만 신경 쓰고 행동하다가 결국 당나귀까지 잃게 된다는 내용이다. '자기 자신을 믿고 분별 있게 행동하자', '줏대 없이 남의 말에 휘둘리다가 낭패 본다'라는 교훈을 전하는 우화다.

세상 사람들은 같은 꽃 한 송이를 보면서도 각자 여러 가지 생각을 한다. 같은 영화를 봐도 각자 처해 있는 상황에 따라 다른 감정을 갖는다. 같은 그림을 보더라도 보는 사람의 기분에 따라 보이는 것이 다르다.

남의 말이 귀를 솔깃하게 만들 수는 있지만 나 자신을 믿고 행동해야 한다. 그러기 위해서는 내가 무슨 생각을 하는지 나의 마음속 진솔한 이야기를 들어야 하고, 그럼으로써 남의 말에 흔들리는 일이 줄어든다.

남의 말 때문에 엄마가 흔들리면 내 품의 아이는 넘어진다.

내가 혹시 팔랑귀? '카더라 통신'

자기 자신을 믿으며 다른 사람이 뭐라 하든 내 갈 길 가는 이를 우린 '줏대 있다', '소신이 있다'라고 한다. 자칫하면 고집스럽거나 꼰대라고 할 수도 있지만, 차원이 다르다.

반대로 이리저리 남의 말에 흔들리는 사람을 일컬어 '팔랑귀'라고 한다. 자기 소신도 없이 프랑스 우화 〈방앗간 주인, 아들 그리고 당나귀〉처럼 남의 말에 휘둘리고 흔들려 행동하는 사람을 말한다.

예로, TV 홈쇼핑을 보다가 쇼호스트 말에 나에게 꼭 필요할 것 같아 사서 쟁여 놓거나, 건강식품을 팔면 꼭 사야 내가 안 아플 것 같고, 다이어트 식품도 꼭 사야 내가 살이 빠질 것 같고, 곧 매진된다면 가슴까지 뛰어 바로 주문하는 바람에 뜯지도 않은 홈쇼핑

물건이 잔뜩 쌓여 있다면 팔랑귀를 의심해 봐야 한다.

팔랑귀 엄마들의 수다는 '카더라 통신'으로 이어진다. '카더라 통신'이란 증명되지 않은 입소문을 전달하는 매체쯤으로 이해하면 된다. 몇몇이 모여 수다를 떨면서 신빙성 없고 불분명한 정보를 '~~라고 하더라' 하며 옮길 때 '카더라 통신'이라 말한다. 팔랑귀들끼리는 서로 함께한다는 얕은 친밀감, 동질감을 느낄 수 있지만, 오래가지 못한다.

'~~는 학습지를 뭘 한다카더라.'

'~~는 태권도 학원을 **를 다니는데 **를 더 나눠준다카더라.'

'학교에서 해외여행 안 다녀오면 왕따를 당한다카더라.'

'한글 공부는 다섯 살 전에 시켜야 한다카더라.'

'어린이집은 **개월 때 보내는 것이 제일 좋다카더라.'

'…………한다카더라.'

이런 이야기를 들으면 엄마들은 나만 정보를 모르는 것 같거나 내 아이만 뒤처지는 것 같아 불안감이 밀려온다. 내 아이가 뒤처지는 것은 절대 일어나면 안 되는 일처럼 생각한다. 팔랑귀나 카더라 통신은 남의 마음을 헤아릴 줄 모른다. 당장 내 눈앞의 일만 생각한다. 그래서 남에게 상처를 주기도 하고 남의 상처를 건드리기도 하지만 자신도 상처 받는다.

선글라스를 끼면 세상이 어둡게 보이듯, 내 마음속 진솔한 이야기를 듣지 못하고 남의 말에 집중하고 솔깃하면 본질을 볼 수 없다.

나는 무슨 색의 선글라스를 끼고 있는가, 수시로 의문을 품고 점검해야 한다.

팔랑귀는 유행만 좇는다

코로나19 팬데믹 시대를 지나면서 어린이집 아이들이 주말을 이용해 부모님과 캠핑을 다녀오는 일이 눈에 띄게 늘었다. 방송 프로그램를 통해서도 캠핑하는 모습이 유행처럼 자주 방영되다 보니 영향을 받았을 것이다. 월요일에 담임 선생님과 함께 주말 지낸 이야기를 한다거나 아이들 놀이에서도 캠핑 놀이가 눈에 띄게 자주 등장한다.

어린이집에서는 주말에 부모님과 함께한 사진 한 장씩을 SNS로 보내 달라고 요청을 한다. 부모님이 보내준 사진을 담임 선생님이 스크린에 띄우면 아이는 아나운서가 되어 자신의 주말 이야기를 친구들에게 들려준다. 듣는 아이들은 시청자가 되어 서로의 이야기를 즐긴다.

발표하는 아이는 냄비에 숟가락 넣는 모습만 보고도, 그 옆에 살짝 나온 아빠 손만으로도 온종일 발표하고도 남을 만큼의 이야기가 넘친다. 또 시청자 역할을 하는 아이들은 화면 속 친구네 집을 보고 우리 집과 흡사한 풍경인지라 그 상황을 즐긴다. 아이들이 발표하는 이야기들이 대부분 가정에서 비슷비슷하게 일어나기 때문에 아이들은 더 공감하고 즐거워한다.

얼마 전 월요일 아침 등원 시간의 일이다.

"원장님, 우리 OO이가 주말 지낸 이야기를 해야 해서 우리도 캠핑을 다녀왔어요."

"와우~ 재밌었겠네요."

"요새 캠핑이 유행이잖아요. 우리 애만 뒤처질까 봐 다른 애들 하는 건 다 하려고 해요."

"캠핑 안 했다고 뒤처진다니요?"

"아니, 주말 지낸 이야기를 할 때 맨날 집에만 있었다고 하면 애가 주눅 들잖아요."

과연 그럴까? 유행을 따르지 않으면 우리 아이가 주눅 들까? 기우다. 아이들은 집에서의 일을 나름대로 생각을 정리해 가면서 아주 재밌게 발표한다.

OO 엄마는 이 유행에 우리 아이가 못 끼면 문제가 생기는 것처럼 생각하지만, 아빠랑 손잡고 편의점에 가서 젤리 한 개만 사도 그 안에는 아빠랑 함께한 어마어마한 스토리가 담겨 있다. 교실에서의 아이들 모습은 부모님이 생각하는 것 이상으로 재미있고 즐겁다.

유행은 조금씩 변해 가는 사회 현상이다. 또한 새로움을 추구하고 변화하는 사회 모습이기도 하다. 유행을 따라가야 한다고 생각하기도 하고, 의도와 상관없이 직간접적으로 유행에 떠밀려 가기도 한다. 이런 유행에 나만 못 끼면 문제가 생기는 것처럼 생각하기도 하지만 유행을 따르지 않는다고 아이가 뒤처지는 것은 절대 아니다. 다만 캠핑도 아이와 함께하는 시간을 갖는 경험이니 이를 통해 자신만의 영역을 넓혀준다는 의미를 두면 좋겠다.

육아에서도 유행만 좇는다면 육아의 본질을 놓칠 수 있다. 남의 눈에만 좋게 보이려는 부모의 마음을 줏대 없이 흔들어버리고 그 유행을 좇아가느라 가랑이 찢어질지도 모른다. 캠핑이 아니더라도 아이가 부모와 함께하는 즐거운 경험은 무엇이든지 소중하다. 내 아이의 친구 관계나 우리 집의 라이프스타일에 대하여 가치관을 세우고 새로운 기준을 만들어보는 것이 어떨까.

특별한 경험만이 이야기가 아니다. 내가 경험한 일상이 찐 스토리다.

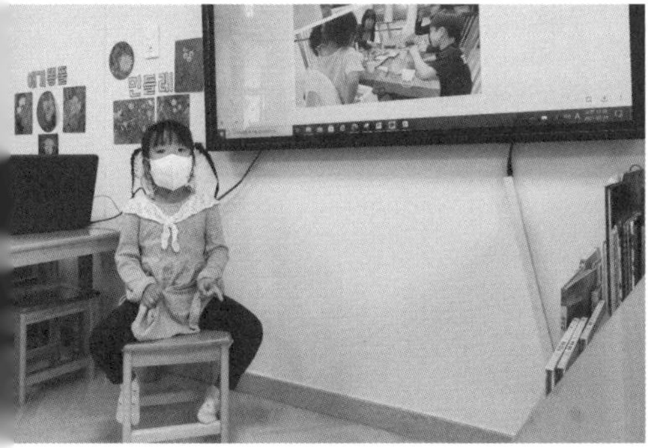

내 아이는 뒷전

팔랑귀들은 여기저기서 정보만 얻으려 한다.

그 과정에서 누구에게 어떤 상처를 주는지도 모르고, 그냥 들은 말이 진실인 양 믿어버리고, 또 은밀한 척, 자기만 아는 고급 정보인 척 퍼다 나르기 바쁘다.

여과 없이 정보를 퍼 나르고 분별력 없이 믿어버리니 무엇이 진짜인지 모른다.

자신의 마음은 흔들리고 남에게 휘둘리느라 더 많은 시간을 쏟는다.

팔랑귀를 가진 사람들은 자기 안에 나에 대한 믿음이 없다.

여기저기서 들은 내용이 사실인 양 믿고 남의 말에 집중한다.

놀이터가 아니더라도 엄마의 귀를 얇게 만드는 것은 천지에 널려 있다. 가장 가까이에는 손안의 휴대 전화기다.

그러다 보니 정작 내 아이에게 눈길을 주고 정성을 기울이는 일은 뒷전이다.

남의 시선, 세상의 잣대, 잘못된 육아 정보 등에 더 많이 관심을 기울이다 보면 내 안에서는 불안감이 싹트고 불필요한 에너지를 과도하게 사용한다.

그러니 쉽게 지치고 육아는 힘든 것이라고 핑계를 댄다. 또 자존감이 낮아지는 경험도 자주 한다. 내 안에 나만의 소신이 없기 때문이다.

혹시 나도 그런가?

만약 'OO 엄마가~~~' 이야기로 팔랑귀를 자극한다면 일단 들어본다. 그리고 들으면서 공감은 해준다. 하지만 그 말을 참고나 할 뿐 동조는 하지 말아야 한다.

그리고 나 자신을 굳건히 믿어보는 것이 중요하다. 나 자신을 믿고, 다른 사람이 뭐라 하든 신경 쓰지 않는 소신 있는 태도를 기르는 것이 팔랑귀를 예방하는 비법이다. 내가 나를 못 믿고 귀가 쫑긋거리는 팔랑귀는 병이다.

나는 보고 들은 것을 여과 없이 열심히 퍼 나르는가, 그걸 생각 없이 그대로 믿고 의심하지 않는가? 두 개 다 NO라면 나는 역시 팔랑귀가 아니다.

프랑스 라퐁텐 우화집 〈방앗간 주인, 아들 그리고 당나귀〉의 이야기처럼 남의 말에 줏대 없이 흔들리다간 결국 내 아이의 마음은 흔들리다 못해 넘어지게 된다.

내가 부족해도 나와 내 아이에게 집중하며 그대로의 모습으로 나를 믿어보는 것이 어떨까.

TIP 팔랑귀 예방법

1단계 – 일단 들어본다.

2단계 – 공감은 해준다.

3단계 – 그 말을 의심해 보고 참고만 한다.

4단계 – 동조는 하지 않는다.

5단계 – 내 생각을 정리해 본다. (나는 듣는 순간 어떤 생각이 들었을까?)

TIP 줏대 있는 부모와 팔랑귀의 차이점

줏대 있는 부모	팔랑귀 부모
항의하되 제안도 함께 한다.	제안보다는 항의만 한다.
남의 사생활도 존중해 준다.	근거 없이 남에게 상처를 준다.
유행을 따르지만 내 소신이 더 중요하다.	남의 눈을 의식하고 유행만 좇는다.
정보를 얻지만 내 생각을 정리해 본다.	여기저기서 정보만 얻으려 한다.

TIP 나의 줏대 체크리스트

다음 질문에 답해 보세요.

엄마의 시선	1. 최근 일주일 동안 아이와 눈 맞춤을 6초 이상 한 적이 있다.	YES	NO
	2. 최근 일주일 동안 아이와 소소한 일상 대화를 5분 이상 나눈 적이 있다.	YES	NO
	3. 최근 일주일 동안 TV나 영화를 보거나, 음악을 듣다가 문득문득 아이의 예쁜 모습이 떠오른 적이 있다.	YES	NO
	4. 최근 일주일 동안 아이와 스킨십을 매일 했다.	YES	NO
	5. 최근 일주일 동안 아이에게 격려의 말을 해준 적이 있다(잘하고 있어, 대단해, 네가 도와줄 줄 알았어).	YES	NO
	합계		
줏대 충전 시간	6. 카더라 통신의 정보를 듣고 마음이 흔들리지 않았다.	YES	NO
	7. 충분한 수면과 세끼 식사를 적절히 하였다.	YES	NO
	8. 휴대전화 속 세상을 들여다보는 시간을 줄였다.	YES	NO
	9. 숨 고르는 시간(책 보기, 산책, 성찰, 운동 등)을 가졌다.	YES	NO
	10. 아이와 함께 다양한 경험의 시간을 가졌다.	YES	NO
	합계		

YES, NO의 합계에 관한 기준점은 엄마가 잡아보세요.

엄마를 위한 동화 4

《세 강도》

토미 웅게러 글·그림
양희진 옮김
시공주니어

자존감을 갉아먹는 두려움
(불안, 두려움, 망설임)

긴장하면 별것이 다 두렵다

호주 골드코스트에서 유학 중일 때의 일이다. 반백 살을 넘긴 나이에 남의 나라에서 생활한다는 것은 잠깐 다녀오는 여행과는 매우 다르다. 설렘보다는 낯선 것에 대한 두려운 마음이 더 컸다. 언어 소통과 안전에 대한 두려움, 인종 차별, 소매치기나 도둑이 많다는 얘기 등 수많은 선입견으로 몸과 마음에 힘을 꽉 주고 긴장하며 살아야 했다. 그래서인지 하루하루가 피곤하고 실수 연발이었다.

그곳에서 지낸 지 한 달이 지나갈 즈음, 이제 좀 환경에 익숙해져서 살짝 두려웠던 마음의 빗장을 풀고 아파트 내에 설치된 실내 풀로 수영을 하러 갔다. 그마저도 큰 용기가 필요했다.

당시 내 마음은 수영장에 사람이 있는 것조차도 두려웠다. 하루는 온몸에 문신을 한 덩치 큰 남자 서너 명이 블루투스로 크게 음악을 틀어놓고 쏼라쏼라 왁자지껄 떠드는, 내가 50년 넘는 삶을 살아오는 동안 한 번도 경험하지 못한 광경과 마주쳤다. 마치 영화 속 조폭들의 모습과 똑같았다. '이들이 나를 해치지는 않을까', '말을 시키면 어떡하지', '수영하는 동안 내 물건을 가지고 도망치지는 않을까' 등 별의별 것이 다 두려웠다. 반대로 사람이 없어도 불안했다. '수영하다 무슨 일이 생기면 어떡하지', '나를 도와줄 사람이 없으면 어쩌나' 하는 불안감이었다.

그날은 다행인지 아닌지 풀장에는 아무도 없었다. 마음을 놓고 물에 뛰어들어 오랜만에 물속에서 답답함을 해소하고 자유로움을 누리고 있었다. 물속에서 벽을 치고 턴을 하는 순간, 몸이 경직되고 숨이 멎을 것 같았다. 눈앞에 시커멓고 커다란 물체가 갑자기 나타나 나를 덮쳤기 때문이다. 필사적으로 물 밖으로 얼른 고개를 내밀었다.

그러나 주변에는 아무도 없었다. 순간 혼자 어이없이 피식 웃고 말았다. 공포에 떨게 했던 검은 물체는 바로 내 긴 머리카락이었다. 긴장해서 물속으로 들어갈 때 수영모 쓰는 것조차 잊고 수영을 한 벌이었다. 수영장에 들어갈 때는 수영모를 써야 한다는 것을 수없이 많은 경험을 통해 알고 있지만, 긴장하니 그것도 놓쳤다.

두려움은 경험한 것에서도 느낄 수 있고, 경험하지 못한 것이나 선입견, 예측이 어려운 것에서도 느낄 수 있다. 두려움은 이성과 통제력을 잃게 하고, 하고자 하는 일에도 집중하지 못하게 한다. 수영모를 쓰는 걸 잊고 물속에 들어가는 것처럼 말이다.

힘 빼세요~~~

내가 다니는 한의원에 가면 참 편안하다. 마음을 차분하게 해주는 우리 음악이 흐르고, 치료실 커튼도 흰색이 아닌 은은하고 편안한 빛깔이고, 침대에 누우면 한의사는 침 치료 전에 조곤조곤 낮은 목소리로 환자의 일상을 물어보며 말을 걸어준다. 이런 모든 것은 환자의 긴장을 풀어주기 위함이라고 한의사는 말한다.

침 치료를 받기 위해서 누구 손에 끌려 왔든, 너무 아파 스스로 왔든 침을 맞으려고 하면 잔뜩 긴장하게 되고 두렵다. 그런 긴장된 상황에서는 침도 잘 들어가지 않고 치료의 효과도 떨어진다고 한다. 침이 아프다는 걸 수없이 많은 경험을 통해 알고 있지만, 침 맞을 때마다 저절로 온몸에 힘이 들어가기 마련이다. 그래서 한의사님은 항상 "힘 빼세요"를 외친다.

어느 날 네 살 선우가 아침에 울며 등원했다. 엄마하고 등원 전 뭔가 실랑이를 벌이다가 마지못해 등원을 한 상황이었다. 낮잠 시간이 되자 갑자기 울먹이며 "원장님, 엄마 섬 그늘로 굴 따러 가지 말라고 그래요"라고 말하더니 흐느껴 운다.

"선우야, 엄마가 굴 따러 간대?"

"응. 그래서 아기하고 나하고 혼자 집을 봐야 한대요. 엉어어엉."

울음소리가 더 커졌다.

이런 일도 있었다. 그날은 숲에 가는 날이었다.

선우가 또 울면서 등원했다. 이야기를 들어보니 선우는《헨젤과 그레텔》이야기를 듣고 난 후 숲에 가면 무조건 자기를 버리고 올 것이라는 불안감이 가득했다. 그래서 숲에 가기 싫다며 울었다는 것이다.

선우는 기질적으로 섬세한 아이였고 동생이 태어나면서부터 엄마를 뺏겨서 불안감이 더한 상태였다. 선우 엄마는 노랫말에서도, 동화책 속 내용에서도 불안감을 느끼는 아이를 이해하지 못하겠다고만 할 뿐 선우의 마음을 들여다볼 생각은 하지 않았다. 엄마 역시 둘째가 태어나 몸과 마음이 힘들다 보니 큰아이에게 짜증을 내고, 애가 왜 그러는지 이유를 알 수 없다며 더 조급해했다. 또 한편으로는 아이가 어찌 될까 불안해하고 있었다. 엄마와 아이 모두 힘든 상황이었다.

이럴 때 선우는 한의원에 침 맞으러 온 환자이고, 엄마는 선우의 마음을 편안하게 해줘야 하는 한의사의 역할을 해야 한다. 섬세하고 예민해서 바짝 긴장하고 있는 선우에게 편안하게 엄마의 마음을 열어주는 것이 더 중요하다. 그런데 엄마도 100m 달리기 선수처럼 바짝 긴장하고 있으니 아이의 마음을 알아차리기 힘들다.

숲에 가는 걸 두려워하는 아이와 가까운 산으로 소풍 데이트도 하고, 잠들기 전 노래를 불러줄 때 리듬은 같으면서 노랫말을 밝고 긍정적으로 바꿔 불러주는 방법도 있다.

선우가 두려워하는 노래 〈섬집 아기〉를 우리는 보통 1절만 불러준다. 하지만 2절은 '굴 따러 간 엄마도 온통 아이 생각으로 굴 따다 말고 달려온다'는 내용이다.

- 〈섬집 아기〉 개사 예시

엄마가 섬 그늘에 굴 따러 가면

(엄마랑 소풍 갈 때 무얼 싸 갈까) ⇦ 엄마가 부르고

아기는 혼자 남아 집을 보면서

(김밥이랑 음료수랑 과일이지요) ⇦ 아이가 답하지요.

바다가 들려주는 자장노래에

(소풍을 가~서~ 무얼 볼까요) ⇦ 엄마가 부르고

팔 베고 스르르르 잠이 듭니다

(노래 부르는 참새들을 보고 오지요) ⇦ 아이가 답하지요.

여러 가지 재미있는 노랫말로 개사해서 불러보면 엄마 마음도 편안해지고, 아이도 편안한 마음으로 노래를 즐길 수 있다. 내 몸과 마음에 빠르게 스며들어 나를 흔들고 휘두르는 불안과 두려움은 힘을 꽉주면 더 강해진다. 힘을 뺀다는 것은 긴장을 푸는 것이다.

힘 빼세요~~ 긴장 푸세요~~

마음 근육에도 힘을 빼보세요

윤희는 네 살 여자아이인데 엄마는 학교 선생님이다. 윤희 엄마는 출산 후 3년의 휴직 기간을 마치고 복직을 계획하고 있어 마음이 바빠졌고 생각이 복잡해졌다. 가장 먼저 한 일은 36개월 된 아이를 어린이집에 보내는 일이었다.

엄마 입장에서는 기저귀를 뗄 시기가 지난 것 같은데 윤희는 기저귀 벗을 생각을 전혀 안 하는 것 같다. 밥도 혼자서 먹었으면 좋겠는데 먹여주지 않으면 도통 먹으려 하지 않는다. 엄마 마음은 급한데 아이가 따라주지 않으니, 엄마 얼굴에서는 웃음기가 사라졌다.

그런 중에 아이에게 눈을 깜박이고 말도 더듬는 틱 증세까지 생겼다. 엄마는 내게 상담을 요청했다.

"안 그러던 애가 어린이집 다니기 시작하면서부터 눈을 깜박거려요."

엄마는 틱의 원인을 어린이집에서 찾으려 했다.

어린이집에서 생활할 때 윤희는 참 사랑스러운 아이였다. 체육 선생님을 만나면 가장 신나게 체조를 하고, 음악 놀이 시간에도 앞자리에 앉아서 가장 큰소리로 노래도 부르고, 악기 연주도 하는, 내가 아는 36개월 아이 중 둘째가라면 서러워할 정도로 활발한 아이였다.

그런 사실을 모두 이야기해 주니 엄마의 반응은 "설마요~~ 애는 그런 애가 아녜요"였다.

내가 되물었다.

"집에서는 어떤데요?"

"책만 보고 얌전해요. 그렇게 나대는 애가 아니에요."

36개월 아이가 책만 보고 얌전하고, 나대지 않는다면 그것이 더 큰 문제다. 여러 차례 직간접적으로 아이를 핑계로 엄마에게 대화를 청했다.

그 후 알게 된 것은 남편과의 관계가 너무 안 좋다는 사실이었다. 직업이 교사인지라 좋지 않은 부부 관계를 주변에 들키지 않으려 꼭꼭 숨기고 있었고, 엄마 아빠가 매일 싸우는 걸 본 영특한 아이는 눈치를 보면서 그걸 다 참아내고 자기 살길을 찾으려 애썼다.

알고 보니, 엄마는 어린 시절에 착한 아이로 바르게만 살았고, 공부도 잘했는데 결혼 후 내 맘대로 안 되는 현실 때문에 몸과 마음에 힘을 꽉 주고 살았다. 마음속에 무엇인지 알 수 없는 불안과 두려움으로 가득했다.

아이가 어린이집에 잘 적응하길 바라는 걱정뿐만이 아니었다. 엄마의 마음 근육은 얼음장처럼 단단히 굳어져 있으니 아이에겐 항상 단호했고 무섭게 대했던 것이다. 남편과의 관계도, 아이의 틱도 모두 남의 탓이라는 프레임을 씌웠고, 자신의 마음 밭에는 두려움의 잡초만 가득했고, 그나마 핀 꽃도 가꾸지 못하고 있었다. 두려움이 엄마의 마음 근육을 더욱 단단하게 만들고, 자존감을 점점 떨어뜨리고 있었다.

마음에도 근육이 있다. 몸 근육은 한의사가 침 치료할 때 눈에 보이는 것처럼 우리가 확인할 수 있지만 마음 근육은 실제로 눈에 보이지 않으니 확인할 수 없고 안 보이니 마음 밭을 가꾸는 일에 소홀하게 된다.

꽃밭에서 꽃을 피워내려면 적당한 물과 햇빛과 공기와 양분이 있어야 하고, 화초 간 거리도 적당히 둬야 하고, 계절에 맞는 꽃을 심어야 한다. 예고 없이 자라는 잡초도 뽑으며 가꿔야 한다.

우리 마음 밭에도 가꾸고 돌보는 일을 소홀히 하면 잡초가 무성해진다. 이 마음 잡초를 성찰하면서 뽑아야 한다. 자신을 바로 이해하고 자존감을 높이는 힘, 어려운 일에 닥쳤을 때 이겨내는 힘, 세상살이에서 받은 스트레스에 상처받지 않을 힘들이 잘 자라는지 꾸준히 보살피며 가꿔야 한다.

마음에도 몸의 근육처럼 힘이 꽉 들어가 단단해져 있으면 그 마음에는 꽃이 필 수 없다.

엄마가 두려우면 아이를 감싸줄 공간이 없다

요즘 많은 매체에서 '독박 육아'라는 말을 툭툭 사용한다. '육아 전쟁'이란 말도 스스럼없이 툭툭 내던진다. 난 이런 소릴 들을 때마다 매우 불편하고 거북하다.

내가 알고 있는 독박이란 단어는 화투판에서 벌 받을 때 쓰는 용어다. 이런 독박이란 말이 육아 속으로 끼어들었고, 전쟁이란 누구 하나 죽어야 하는 게임인데 이런 무시무시한 단어가 고귀하고 신성한 육아와 함께한다.

육아가 무슨 벌인 양, 죄인 양, 숙제인 양, 짐인 양 여론도 부추긴다. 심지어 육아 전문가라고 자처하는 유명인들까지 TV에 패널로 나와 부모 마음 다독인다고 독박 육아, 육아 전쟁을 스스럼없이 운운한다.

아이를 낳고 부모가 되기도 전에 육아 자체를 힘들고 어렵고 두려운 일로만 받아들이지 않을까 걱정이다. 이런 TV 프로그램을 보고 간접 경험을 하며 자란 다음 세대나 신혼부부들이 아이 낳고 기르는 것이 신성하다는 이미지를 그릴 수 있을까? 나쁜 이미지를 그리는 것만으로도 우리 내면의 건강함을 잃게 된다. 간접 경험만으로도 육아가 두려움 덩어리로 자리하니 피하고 싶은 마음이 더 강해질 것이다.

난 쌀 20㎏을 혼자 있을 땐 낑낑거리면서라도 들어 나를 수 있다. 그런데 남편이 있으면 10㎏도 무거워서 못 든다. 사실이다.

예쁜 사람한테 못생겼다고 하면 농담이지만, 진짜 못생긴 사람한테 못생겼다고 하면 심하게 상처받는다. 상처받지 않는다면 딱지가 앉은 것이다. 사람은 본능적으로 의지할 곳을 찾고, 위로받을 곳을 찾고, 쉬운 일을 찾는다.

육아로 두렵고 불안한 부모들에게 '독박'이니 '전쟁'이니 하며 무시무시한 단어로 프레임을 씌워버리면 아무리 코끼리를 생각하지 말라고 해도 코끼리가 생각나는 이치와 같다. 엄마들을 벼랑 끝으로 내몰아 버리는 꼴이다. 간지러움을 안 타는 사람은 봤어도 두려움 없는 사람은 직접 경험이든 간접 경험이든 보지 못했다.

엄마는 자식 때문에 강해진다고 하지만, 자식 때문에 세상에서 가장 약할 수밖에 없다. 세상 밖으로 나온 또 다른 나를 돌봐야 하는 두려운 엄마들에게 육아는 벌칙이라고, 육아는 전쟁이라고, 힘든 것이라고 직간접적으로 프레임을 씌워버리면 아이를 포근히 감싸주며 품을 내어주어야 할 엄마들의 품은 좁아진다. 아예 내어줄 품이 없어질 수도 있다. 육아의 즐거움은 내 마음이 편안할 때 더 많이 느낀다.

두려울 땐 나만의 의식 만들기

"엄마, 요즘 엄마가 짠해 보여요."

"왜? 윤수야~."

"그냥 엄마가 짠해 보여요."

호주에서 있을 때의 일이다.

그냥 엄마가 짠해 보인다는데 무슨 이유가 있겠는가. 더 이상 묻지 않았다. 나 자신도 50세 넘어 남의 나라에서 온몸에 힘을 꽉 주며 너무 아등바등 사는 것 같았고, 함께 온 아들 녀석도 하는 일이 풀리지 않는 것 같아 내 일보다는 아들 일로 마음이 두렵고 불안할 때였다.

내가 짠해 보이지 않게 하는 방법이 무엇이 있을까 곰곰이 생각하다가 골드코스트 사우스포트(Gold Coast Southport) 도서관으로 갔다. 그곳에선 뭔가 재미있는 일이 일어날 것 같았다. 그리고 내가 주저 없이 향한 곳은 유아 도서 코너다. 거기에 앉아 있으면 애들 소리를 실컷 들을 수 있고, 호주 엄마들은 아이들에게 어떻게 하나 관찰하기 딱 좋은 장소여서 마음이 울적할 때 자주 찾았다.

이 책 저 책 뒤적이다가 발견한 책이 앤서니 브라운의 《WHAT IF?》다. 마음속으로 '유레카'를 외치며 한 장 한 장 넘겼다. 우리나라에는 《어떡하지?》로 번역 출간된 책이다.

표지에서 느껴지는 아이의 걱정스러움과 면지에 이어서 내용을 암시하는 듯한 그림 두 장은 어린 남자아이와 성인 여자의 모습이다. 엄마와 아이라는 걸 금방 알 수 있다. 아이가 초대장을 잃어버려 생일인 친구 톰의 집을 찾아가는 내내 걱정할 때 걱정하지 말라며 아이를 다독이는 엄마의 모습은 세상 가장 힘 있고, 세상 어떤 어려움도 모두 헤쳐 나갈 수 있는 원더우먼, 슈퍼우먼의 얼굴이었다.

하지만 아들을 친구 집에 들여보낸 후 집에서 아이를 기다리는 2시간 동안 엄마의 머리는 헝클어지고 얼굴은 급속도로 짠해졌다.

'조가 잘하고 있을까? 행복하지 않으면 어떡하지?'

엄마의 불안과 걱정과 달리 조는 행복하고 대단한 시간을 보냈다.

윤수와 나의 모습이 동화책 속 조와 엄마의 모습이었다. 미래에 대해 두렵고 불안해하는 내 모습을 옆에서 지켜보니 엄마의 마음이 다 헝클어져 있다는 걸 알아챈 모양이다. 그래서 아이는 엄마가 짠해 보였던 것이다. 이렇듯 엄마들은 아이들 때문에 짠해질 때가 수없이 많다.

아이들이 어릴 때는 종종 열이 나고 또 응급실을 들락날락한다. 병원을 다녀와서도 열이 떨어지지 않고 아이가 잠 못 들고 힘들어하면 아이와 함께 밤을 꼬박 새우기 일쑤다. 아이가 고열일 때는 다 벗겨놓고 물수건으로 몸을 닦고 입술을 파르르 떨 때까지도 열이 안 떨어질 땐 아이가 어찌 될까 하는 불안감에 휩싸인다.

이런 일들은 엄마라면 누구나 겪었을 것이다. 가톨릭 신자인 나는 그럴 때마다 아이의 양 손바닥에 십자가를 그려주면서 온갖 정성을 다해 기도했다. 열만 떨어지기를 바라는 마음을 듬뿍 담아 간절히 기도했다.

두려움을 해소하는 나만의 방법 중 다른 하나는 어린이집 아이들을 꼭 안아주는 것이다. 신기하게도 쪼끄만 녀석들을 안고 있으면 편안함을 느끼고 내 마음이 부드러워짐을 느낀다. 학부모님들께 받은 스트레스로 인해 내 마음이 불편하고 불안할 때 아이를 안으면 녀석들은 나를 위로해 준다. 내가 어린이집 아이들과 눈만 마주치면 안아주는 것은 어쩌면 내 마음 근육을 더 부드럽게 만들기 위한 나만의 의식이다.

수렵 생활을 하던 원시 시대부터 현재까지 우리는 자연이나 사회 환경으로부터도 자유로울 수는 없었다. 그러니 예측하지 못하는 환경에 대해 두려움을 갖는 건 본능이다. 두려움은 내가 원하지 않는 방향으로 흘러갈 때 생기거나 불안한 생태에서의 상상이다.

새로운 환경에 대한 낯섦, 안전에 대한 불안, 일상의 흔들림, 지키고 싶었던 것을 잃었을 때, 선입견 때문에 생기는 긴장, 자기 확신이 없을 때 등 두려움의 종류도 가지가지이고 언제, 어느 장소에서든 툭툭 튀어나올 수 있다. 두려움에 맞서는 나만의 의식은 나를 편안함으로 안내할 것이다.

조창인 작가의 소설《등대지기》에 이런 말이 나온다.

> 외로움이란 언덕 저 위에서 이쪽으로 굴러 내려오는 눈덩이와 같았다. 품고 있을수록 스스로 덩치를 부풀리는 그런 것.

소설 속 주인공 재우가 외로움을 이기려고 애쓰는 과정을 그린 내용이다. 조창인 작가가 표현한 외로움과 우리가 갖는 두려움은 같다. 언덕에서 굴러 내려오는 눈덩이는 바로 두려움이다. 품고 있으면 스스로 덩치를 부풀린다.

우리가 갖는 두려움이나 걱정 중 4%만이 일어난다고 심리학자들은 말한다. 눈덩이처럼 덩치를 부풀릴 수 있는 두려움은 나만의 의식을 통해 조금이나마 가벼이 하고 직면하며 헤쳐 나갈 수도 있다. 두려움은 익숙하지 않은 것에 대한 저항이고 걱정이다.

"무엇이 엄마를 만들까요? 아이 덕분에 메두사 엄마는 두려움을 이기고 세상 밖으로 나와요." (동화 《메두사 엄마》 중에서)

함께 생각해 봐요

두려움이 몰려올 땐 다음과 같이 생각해 보세요.

1. 왜 두렵지? (일단 두려운 생각을 멈추고 심호흡을 해보세요.)
2. 이 두려움은 나한테만 생기는 일인가?
3. 내가 해결할 수 있는 일인가?
4. 그동안 내가 두려워했던 일들이 실제로 일어난 적은 있나?
5. 그럼 이 불안감과 두려움이 걱정한다고 해결될 일인가?
6. 지금 할 수 있는 일은 무엇인가?
7. 이럴 땐 어떡하지? (나만의 두려움 극복 의식도 만들어보세요.)

엄마를 위한 동화 5, 6

《메두사 엄마》

키티 크라우더 글·그림
김영미 옮김
논장

《어떡하지?》

앤서니 브라운 글·그림
홍연미 옮김
웅진주니어

지나친 정보가 더 혼란스럽게 한다
(과잉 정보)

엄마의 모습이 아이 모습에 스며든다

우리나라 어린이는 얼마나 행복할까?

국제아동 삶의 질 조사(ISCWeB)에 참여한 핀란드, 프랑스, 독일 등 35개국의 만 10세(초등학교 5학년 기준, 2019년) 아동 행복도를 비교한 결과 한국은 31위에 머물렀다. (2021. 6. 18. 동아일보에서 발췌)

왜 이런 결과가 나왔는지 충격적이면서 억울하기 짝이 없다. 안 먹고 안 쓰면서 아끼고 아낀 생활비의 70~80%를 아이의 미래를 위해 투자하는데 왜 아이들은 행복하지 않을까? 그렇다고 부모는 행복할까?

아이를 위해 최선을 다한다는 것이 무엇일까? 아이의 미래에 대한 지나친 걱정과 책임감이 더 앞서게 된다. 좀 더 잘 키우기 위해 발 빠르게 수많은 정보를 수집하면서 엄마들은 스스로 슈퍼우먼이 되어간다. 숱한 검토와 망설임 끝에 엄마가 되었고 아이를 낳으면 모성이 저절로 생겨서 누구나 뚝딱 아이를 키울 줄 알았는데 막막하기만 한 것이 현실이다.

처음으로 엄마가 되었을 땐 익숙하지 않기 때문에 허둥대느라 에너지를 더 많이 소비하고 쉽게 지친다. 힘든 것도 참고 열심히 하는데 인정해 주는 사람도 없다. 이런 힘든 상황에서도 엄마이기 때문에 아이를 더 잘 키우고 싶은 욕심은 버릴 수가 없다. 그러니 엄마의 행복을 담보로 아이들이 자라는 듯하다.

어느 시어머니와 결혼한 새색시 이야기다. 며느리가 저녁 메뉴로 가족들이 좋아하는 생선구이를 하고 있었다. 며느리는 생선을 깨끗이 씻어 반 토막으로 자르고 프라이팬에 정성껏 굽고 있었다. 이를 본 시어머니는 궁금했다.

'왜 우리 며느리는 매번 생선을 반 토막으로 잘라서 구울까?'

그래서 시어머니는 며느리에게 물어보았다.

"아가, 왜 생선을 반 토막으로 잘라서 굽니?"

사실은 며느리도 왜 반 토막으로 잘라 생선을 굽는지 모르고 있었다. 다만 결혼 전 친정엄마가 그렇게 하시는 걸 봐서 똑같이

했을 뿐이다. 며느리는 친정엄마에게 왜 생선을 반 토막 내서 굽는지 물었다. 답은 너무 간단했다.

"프라이팬이 작아서 반 토막 내서 구웠지."

시집온 며느리는 시댁 프라이팬 크기와 상황에 관계없이 친정엄마의 모습이 그대로 스며들어 엄마처럼 하고 있었다.

행복한 모습도 물든다. 첫 관계 속에서 모방하며 배우는 아이는 부모의 행복하지 않은 모습조차도 모방하며 몸과 마음에 스며들게 될까 걱정이다.

아이는 보면서 자란다.

스스로 판단하기보다 남만 좇게 되는 과잉 정보

도토리 한 알이 토끼 머리에 떨어졌다. 놀란 토끼가 도망치자 그 모습을 본 숲속의 동물들도 달아나기 시작했다. 동물의 왕 사자까지도 숲속 동물들이 달아나는 모습을 보고 달아났다. 작은 도토리 한 알이 온 숲속을 온통 다 뒤집어 놓고 혼란스럽게 한 것이다. 우화의 한 토막이다.

이 우화처럼 우리 일상생활에서도 지나친 정보가 생각을 혼란스럽게 만들고 판단력을 흐려지게 하는 경우가 종종 발생한다.

수많은 정보를 수집만 할 뿐 그 정보를 선택하여 내 것으로 만들지 못한다. 그러니 정신이 산만하여 무엇 하나에도 제대로 집중하기 어렵게 된다.

육아에서도 정보만을 탐하는 엄마들이 많다. 심리학자 포스터 클라인(Foster Cline)은 아이에게 어려움이 닥치면 아이가 도움을 청하지도 않았는데 언제든지 내려앉아 도와줄 태세를 갖추는 엄마를 '헬리콥터 맘'이라 불렀다.

1990년대에 나왔던 '헬리콥터 맘'은 30여 년이 지난 지금도 달라지지 않았고 현재는 더 많이 볼 수 있다. 이 엄마들은 아이 주변을 뱅뱅 돌며 모든 행동 하나하나를 체크해 주고 일정까지 관리하며 아이의 매니저 역할을 한다. 아이 스스로 성공과 좌절을 맛볼 자유를 용납하지 않는다.

헬리콥터 맘 외에도 과잉 정보로 과잉 육아를 하는 엄마들이 등장해 엄마들의 자존감을 자꾸 건드리고 무너트린다. 아이 앞에 놓인 장애물을 최소한의 간섭으로 치워준다는 '빗자루 맘'이 나타났고, 돼지가 새끼를 끌고 다니듯 자녀를 여기저기 끌고 다니며 정보를 얻고 자녀 교육에 투자를 아끼지 않는 엄마를 뜻하는 '돼지 엄마'도 등장했다.

이런 엄마들은 맘 카페나 SNS, 또는 동네 엄마들의 입을 통해 물밀듯이 밀려오는 수많은 정보에 열광한다. 알면 알수록 무력감에 빠지게 되고 귀 막고 있자니 내 아이만 뒤처질 것 같은 불안감이 쌓이게 되는 것이 현실이다.

일부 엄마들의 모습을 과장되게 표현한 것일지도 모르지만 어찌 됐거나 엄마를 하향 평준화시키는 이런 말들이 나오는 게 엄마인 나로서도 유쾌하지 않은 것이 사실이다. 이들도 마음 한가득 내 아이에겐 멋진 엄마가 되고 싶을 것이다.

불안감이 쌓이는 실제 원인은 내 아이와 부대끼며 실생활에서 얻는 알토란 같은 내 경험을 더 중요하게 생각하기보다 남들의 육아법만을 탐하기 때문이다.

과잉 정보로 인해 내 자유 의지는 없어지고, 확인되지 않은 정보로 문제의식을 느끼지 않은 채 남만 좇으니 나만 뒤처지는 것 같아 불안하고 흔들리고 속 끓인다. 아이를 위한 일이라고 하지만 정작 내 아이의 중심은 바로 서지 못한다.

한 번쯤 제자리에 서서 나는 왜 뛰고 있는가를 생각해야 한다.

아이를 삶의 주인이 되게 하려면

내 곁에 무심한 듯 한결같이 있는 내 아이, 그래서 더욱 소중한 내 아이다. 소중한 아이와 함께하며 몸 부대끼고 지켜보며 얻은 정보를 가장 값지게 생각하고 주체적으로 행동하는 엄마가 멋진 엄마이다.

이런 엄마들은 아이에게서 얻는 정보를 무심하게 지나치지 않는다. '왜 그랬을까?' 의문을 가지고 골똘히 생각하고 분석하여 무릎을 '탁' 치며 '아하!'를 외치고 새로운 통찰을 얻어내 아이에 대해 머리가 아닌 가슴으로 이해하는 최고의 엄마다.

내 아이의 재능은 아무도 가지지 않은 고유한 것이다. 이 재능을 발견할 수 있는 가장 좋은 방법은 관심을 가지고 아이의 평범한 일상을 유심히 관찰하는 것이다. 이런 재능은 학원이나 학습지를 한다고 찾아지는 것이 아니다. 우리 주변에서 아주 어릴 때부터 수·한글을 익히는 학습지나 가정 방문 선생님들을 만나는 아이들을 쉽게 접하게 되는데, 이처럼 어릴 때부터 남의 손에 내 아이를 맡기면 아이와 눈 맞춤 할 기회가 적어져 아이에 대해 모르는 것이 점점 많아진다. 아이에 대해 정보가 없으니 아이를 이해하지 못하고 키우기 어렵고 힘들어지는 것이다.

내 아이가 어떤 놀이를 할 때 눈이 반짝반짝 빛나는지, 무엇을 했을 때 시간 가는 줄 모르고 더 집중하는지, 친구들과 놀 때의 다양한 반응 등을 살피면 아이에 대해 새로운 사실들이 보이기 시작한다.

이는 한 번에 보이는 것이 아니다. 아이와 몸을 부대끼고 눈을 마주치고 이야기 나누며 함께 시간을 보내야만 알 수 있다. 평범한 일상을 지켜보면 내 아이의 비범함이 보인다.

아이의 성장 속도에 대해 미국의 심리학자 존 그레이(John Gray)는 자녀 양육에 관해 쓴 저서 《Children are from Haven》 중에 자전거 배우기를 예로 들어가며 아이들의 '3가지 전형적인 학습 방식'을 설명한다. '기는 아이가 있고, 걷는 아이, 뛰는 아이, 늦지만 도약하는 아이'가 있다고 말한다.

내 경우도 첫째 아이는 말하면서 한글과 수에 관심을 가졌고, 로마자 알파벳도 읽어내는 빠른 아이였지만, 둘째 아이는 이름만 쓸 줄 알고 초등학교 들어가서 3개월 후에 한글을 겨우 뗀, 존 그레이가 말하는 느린 아이였다. 어쩌면 도약하는 아이였는지도 모른다.

둘째 아이는 학교 들어가서 첫 3개월 동안은 옆 친구가 알림장도 써주고, 책도 읽어주는 과정에서 글을 모르면 답답하고 불편하다는 사실을 스스로 느끼고 경험하면서 초등학생이 된 지 3개월 만에 한글을 깨우쳤다. 아이가 스스로 답답함을 느끼기 전까지는 엄마만 답답해하며 아이를 닦달했지만, 그렇게 하면 더 하기 싫어하고 어긋난다는 사실을 알아차렸다. 그래서 가만히 지켜보기로 다짐하고 기다려줬다.

두 아이와 함께하며 지내온 시간 동안 각자의 관심 영역이 다르고, 하고 싶은 일도 다르고, 먹고 싶은 것조차도 다르며, 모든 게 다르다는 것을 관찰을 통해 알게 되었다

다른 아이들과 경쟁시키며 한 방향으로 남들과 똑같이 달리라고 하기보다 동서남북 사방팔방으로 달리도록 응원해 주고 따라주면서 지켜보는 것이 더 중요하다. 그래야만 내 아이만의 비범하고 독창적인 면을 발견할 수 있다.

자기 삶의 주인이 되는 아이로 성장하기를 바란다면 엄마가 첫 번째로 해야 할 일은 수없이 많은 정보를 탐하며 흔들리는 일을 멈추는 것이다. 내 아이가 중심이 되고, 아이와의 경험을 가장 소중히 한다면 남의 말에 흔들리고 귀 기울일 시간이 없다. 내 아이와 함께하며 얻은 정보가 가장 소중한 정보다.

엄마가 되는 순간 이미 충분히 좋은 엄마다

아이가 태어나기 전과 후 엄마의 모습은 모든 면에서 180도 다르다. 나 혼자 몸일 때는 나만 책임지면 되었지만, 아이를 품에 안는 순간부터 한 아이를 인격적으로도 바르게 살게 하고 건강하게 자라게 해야 하며 아이 삶도 책임져야 한다는 사실을 온몸으로 느끼기 때문이다.

그래서 아이를 키우는 기쁨보다 걱정을 더 많이 안고 산다. 내가 과연 내 아이에게 잘하고 있는지, 내 아이가 잘 자라고 있는지 불안해하며 확인을 거듭한다. 그래서 더욱 완벽하게 무장하게 된다.

심리학자 도널드 위니컷은 우리 아이에게 필요한 것은 '완벽한 엄마'(Perfect Mother)가 아닌 '충분히 좋은 엄마'(Good Enough Mother)라고 한다. 그는 충분히 좋은 엄마의 조건에 대해 '아이의 성장 능력에 따라 적절하게 아이를 좌절시킬 수 있고, 아이가 신뢰할 수 있는 엄마'라고 말한다.

아이에게 조건 없는 사랑을 베풀기 때문에 엄마는 아이에게 세상 전체를 대표하는 사람이다. 우리가 성인이 되어서도 엄마를 그리워하고 아이처럼 엄마 품에 안기고 싶은 욕구는 엄마에게 조건 없이 받은 사랑이 그립기 때문일 것이다.

그럼 완벽한 엄마란 이 세상에 있을까?

어느 엄마나 아이를 키울 때 실수를 하고 불안하고 걱정을 하는 것은 어쩔 수 없이 겪어야 하는 과정이다. 90세 된 엄마가 70세 된 아들을 걱정하는 것처럼, 시대가 바뀌어도 엄마의 조건 없는 사랑은 변치 않는다. 내가 엄마가 되었다는 사실과 조건 없는 사랑을 줄 수 있는 아이가 있다는 것은 너무나 큰 기쁨이면서 아픔도 있지만, 그 아픔마저도 경이롭고 벅찬 감동이 된다.

내 아이와 함께할 땐 많은 육아 정보가 필요치 않다. 엄마가 되는 순간 이미 충분히 좋은 엄마다.

내가 엄마가 되기 전에는

(1999년 독일 프랑크푸르트 국제도서전에서 '가장 아름다운 책'으로 선정된 에바 토트의 시집에 실린 시)

내가 엄마가 되기 전에는
언제나 식기 전에 밥을 먹었었다.
얼룩 묻은 옷을 입은 적도 없었고 전화로 조용히 대화를 나눌 시간이 있었다.
내가 엄마가 되기 전에는
원하는 만큼 잠을 잘 수 있었고 늦도록 책을 읽을 수 있었다.
날마다 머리를 빗고 화장했다.
날마다 집을 치웠었다. 장난감에 걸려 넘어진 적이 없었고
자장가는 오래전에 잊었었다.
내가 엄마가 되기 전에는
어떤 풀에 독이 있는지 신경 쓰지 않았었다.
예방주사에 대해선 생각도 하지 않았었다.
누가 나한테 토하고, 내 급소를 때리고 침을 뱉고,
머리카락을 잡아당기고
이빨로 깨물고, 오줌을 싸고 손가락으로 나를 꼬집은 적은
한 번도 없었다.

엄마가 되기 전에는 마음을 잘 다스릴 수가 없었다.
내 생각과 몸까지도 울부짖는 아이를 두 발로 눌러 의사가 진찰을 하거나 주사를 놓게 한 적이 없었다.
눈물 어린 눈을 보면서 함께 운 적이 없었다.
단순한 웃음에도 그토록 기뻐한 적이 없었다.
잠든 아이를 보면서 새벽까지 깨어 있었던 적이 없었다.
아이가 깰까 봐 언제까지나 두 팔에 안고 있었던 적이 없었다.
아이가 아플 때 대신 아파 줄 수가 없어서 가슴이 찢어진 적이 없었다.
그토록 작은 존재가 그토록 많은 내 삶에 영향을 미칠 줄 생각조차 하지 않았었다.
내가 누군가를 그토록 사랑하게 될 줄 결코 알지 못했었다.
나 자신이 엄마가 되는 것을 그토록 행복하게 여길 줄 미처 알지 못했었다.
내 몸 밖에 또 다른 나의 심장을 갖는 것이 어떤 기분일지 몰랐었다.
아이에게 젖을 먹이는 것이 얼마나 특별한 감정인지 몰랐었다.
한 아이의 엄마가 되는 기쁨 그 가슴 아픔 그 경이로움 그 성취감을 결코 알지 못했었다.
그토록 많은 감정을 내가 엄마가 되기 전에는.

엄마를 위한 동화 7

《엄마는 해녀입니다》

고희영 글
에바 알머슨 그림
난다

PART 2

서툴지만 멋진 엄마가 되려면

솔루션
1

돌봄이 아닌 성장을 보기
(건강함, 삶의 조화)

답을 찾는 건 아이들 몫이니 지켜보다가 반응해 주는 것, 이것 또한 참 멋진 엄마가 되는 지름길이다. 아이들에게 스스로 발견하고 알아가는 기쁨을, 온전히 발견할 기회를 최대한 많이 제공해 주어야 한다.

아이의 일상은
저마다의 속도로 굴러간다

남을 이해하는 건 어려워, 내가 더 소중해

누가 뭐래도 육아가 체력전인 건 확실한 사실이다. 아이는 자기가 하고 싶은 대로만 하려고 하고, 툭하면 고집 피우고 떼쓰며 울음으로 승부를 내려 하고, 뭐든지 순서대로 해야 하고, 융통성 또한 없으며 변덕이 죽 끓듯 한다.

온갖 핑계와 방법을 동원해 얼토당토않은 말만 하기도 하고, 한시도 가만히 있기 힘들어하고, 엄마 눈이 잠시라도 딴 곳을 향하면 사고 치기 일쑤다.

육아의 힘듦은 석 달 열흘에 곱하기 무한대를 한다 해도 마르지 않는 샘물처럼 새로운 사건들이 마르지 않는다. 이런 아이들과 함께하니 엄마의 체력은 고갈되기 일쑤다. 반면 아이들의 체력은 한번 충전하면 24시간 완전 가동되는 울트라 초특급 배터리인 양 방전도 안 되는 것이 놀랍다.

아이들이 놀이할 때나 막무가내로 떼쓸 때는 엄마 체력이 좋다면 수용하고 달랠 수 있지만 방전되고 지칠 때는 감당이 안 되고 엄마 마음은 더없이 불편하다. 무리하게 해결하려다 아이의 감정만 더 자극한다. 자칫 아이와의 승자도 패자도 없는 감정싸움에 휘말리게 된다.

그러다 엄마들은 자신의 무능함에 자책하고 몸이 힘든 만큼보다 더 마음이 우울하다. 큰 산 하나 넘었다 싶으면 다른 산이 나타난다. 하지만 우리 집만 그런 것이 아니다. 나만 힘든 것도 아니고, 세상의 아이들이 자라는 동안 세상의 엄마들은 종류만 달리할 뿐 모두 힘들다. 아이 키우는 일은 어느 것 하나 쉬운 것이 없다. 이런 아이들이 모여서 생활하는 어린이집에서는 어떻게 지낼까?

네 살 반 교실(그림 그리는 시간)

네 살 반(24~36개월 사이) 아이들의 그림 그리는 시간이었다. 아이들에게 크레파스를 각각 한 통씩 나누어 줄 때도 있지만 가끔은 두 명이 한 통을 가지고 같이 쓰라고 할 때도 있다. 조금씩 나누고 함께하는 법을 알려주기 위함이다.

유리창을 통해 교실을 들여다보니 오늘은 아이들이 크레파스 한 통으로 옆 친구와 함께 쓰고 있었다. 그림 그리는 모습을 지켜보려고 교실로 가만히 들어갔다. 은찬이와 현송이가 오늘 짝이 되었다. 책상 가운데에 크레파스를 놓고 그림 그리기에 집중하던 은찬이는 다른 색으로 바꿔 칠하려 고개를 드는 순간 크레파스 통을 보고 놀란다. 크레파스 놓인 자리가 숭숭 비어 있어 자기가 원하는 색을 고를 수가 없다. 순간 잠시 당황하더니 옆에 앉은 현송이를 바라본다. 그리고 냅다 소리친다.

"현송아, 네가 다 가져가 버려서 빨강이가 없잖아."

현송이 손에는 현송이가 좋아하는 빨강, 노랑, 분홍, 보라색이 한 움큼 들려 있다. 현송이는 당연하다는 듯 대답한다.

"나는 빨간색이랑 노란색이랑 핑크랑 보라색 좋아해."

"나도 그 빨간색 써야 해. 여기다 놓지 못하겠어?"

"나는 이거 좋아해."

물러서지 않는 현송이다.

급기야 은찬이는 선생님한테 이른다. 아니 도움을 청한다.

"선생님, 현송이가 다 가져가 버려서 내 것이 없어요."

은찬이의 소리에 잠시 당황하더니 억울하다는 듯 현송이도 소리친다.

“선생님, 은찬이가 내가 좋아하는 색을 자꾸 여기다 놓으래요.”

이 크레파스는 은찬이 것일까, 현송이 것일까?

왜 선생님은 크레파스 한 통을 둘이서 같이 쓰라고 하셨을까?

현송이는 왜 자기가 좋아하는 크레파스를 다 가져갔을까?

은찬이가 억울한 건 무엇일까?

이런 상황은 네 살 반 교실에서 흔히 일어나는 일이며, 다섯 살 반에서는 일어나지 않는다. 왜냐하면 세 돌이 지나면서부터 세상이 나를 중심으로 돌아간다고 생각하는 자기중심적인 사고에서 서서히 벗어나 친구의 마음도 보게 되고, 나눠 써야 하는 이유도 알게 되고, 내 행동을 돌아보기 시작하기 때문이다. 그리고 양보라는 말도 이해하기 시작한다.

은찬이와 현송이는 크레파스를 같이 쓰긴 하지만 ‘같이’라는 말을 온전히 수용하지 못한 상태다. 현송이와 은찬이는 지금 내 생각이 더 소중하기에 남을 이해한다는 건 너무 어렵다. 사실 선생님들은 각자 크레파스를 한 통씩 주고 자기 것은 자기만 사용하도록 할 수도 있다. 하지만 사회화의 기초를 배우는 시기에 적절한 자극을 주려고 친구와 나눠 쓰고, 친구는 어떤 걸 좋아하는지 상대의 마음도 알아보고, 내가 좋아한다고 다 가질 수는 없다는 것을 조금씩 알려주기 위해 여러 가지 방법으로 교재 교구를 제공한다.

그렇다고 이런 상황에 맞닥트리면 선생님이나 엄마는 판사, 변호사가 될 필요는 없다. 현송이와 은찬이가 서로의 마음을 이해할 수 있도록 도와줘야 한다.

또 다른 네 살은 어떻게 자기중심적으로 생각할까?

#1.

어린이집 교실로 들어오는 겨울 햇살이 유난히 빛난다.

나도 눈이 부셔 눈을 찌푸리고 있을 때 유호가 한마디 한다.

"너무 큰 해님이 내 눈 속으로 들어와 버려서 너무 눈이 부셔."

#2.

이은이는 엄마가 사준 원피스를 입고 신났다. 유희실에서 빙글빙글 돈다.

"원당밈(원장님)도 이렇게 할 뚜 있떠요(할 수 있어요)?"

"난 못 해, 이은이는 잘해?"

"네!~~~"

아까보다 더 세게 빙글빙글 돈다. 그러다 매트 위로 풀썩 넘어지더니 이렇게 말한다.

"어~~어~~ 어린이집이 나한테 떨어질라고 해요."

유호 눈에는 커다란 해님이 유호 맘대로 작은 유호 눈 속으로 들어왔고, 어지러운 이은이한테 커다란 어린이집이 떨어지기도 한다. 이런 아이들을 바라보는 부모의 눈과 마음이 피곤하고 지쳐 있으면 아이들에게 어떻게 말할까. 아이를 이해하려는 마음보다 내 감정이 더 앞서 혼내거나 핀잔을 줄 것이다.

'엄마가 돌지 말랬지, 정신없다고. 엄마 말 안 들으니깐 넘어지잖아. 또 엄마 말 안 들을 거야? 한 번만 더 그래봐, 가만 안 둘 거야.'

아이는 엄마가 왜 저러나 이해하지 못하고 주눅이 들 것이고, 무얼 잘못했는지도 모른 채 엄마가 화가 났으니 일단 눈치를 본다. 그런 말을 하고 난 엄마도 마음이 편치 않다. 반면 힘은 들지만 기발하고 엉뚱한 말 때문에 가장 귀여운 시기여서 이런 말이나 행동들이 사라질까 봐 정말 안 컸으면 좋겠다고 말하는 부모님들도 많이 있다.

'사이좋게 양보하면서 놀아라'가 들리지 않는 것이 아니라 그 말을 이해하지 못한다. 나와 다른 남을 받아들이고 이해하는 것은 더더욱 안 된다. 네 살 때는 내가 가장 소중하기 때문이다.

나 아닌 남도 있다는 걸 아는 나이

다섯 살로 넘어갈 때쯤 되면 이제는 친구와의 관계와 타인의 마음을 이해하는 단계로 넘어가는 것들이 관찰된다. 자기중심적인 사고를 조금 벗어나기 시작하여 다른 사람의 마음이 보이고 친구와의 놀이에 적극성을 보인다.

48개월 전후의 아이들이 생활하는 다섯 살 반 교실을 들여다보자.

월요일이 지나 화요일이 되었는데도 서윤이는 양치 컵이 없다. 이를 본 친구들이 서윤이를 보고 한마디씩 거든다.

은솔: 니 꺼 어딨어?

서윤: 안 가져왔어.

세아: 엄마한테 챙겨달라고 해야지이~.

서윤: 요새 엄마가 깜박깜박한대.

은솔: 우리 엄마도 요새 깜박깜박한대.

세아: (눈을 깜박거리며) 이렇게? 사실은 우리 엄마도 그래.

아이들의 행동을 보면 웃음이 나오고 재미있는 상황이다. 이 세상 엄마 중 깜박깜박하지 않는 엄마들은 장담컨대 없다. 월요일을 지나 화요일이 되었는데도 양치 컵을 안 가져온 서윤이는 엄마의 건망증을 이해하고 있었다. 은솔이도 자기 엄마의 건망증을 이해하고 세아도 이해한다.

세 살, 네 살 때는 '나'가 세상의 중심이었다면, 다섯 살만 되어도 다른 사람의 마음이 보이고 이해하는 수준까지 가게 된다. 그래서 부모들은 다섯 살만 되어도 말귀를 알아듣기 때문에 육아가 수월해진다고 말한다. 아이들이 성장함에 따라 나타나는 특성을 조금만이라도 알고 있으면 부모들이 아이에 대해 느끼는 힘든 내 마음을 조금이나마 위로받게 된다.

육아에서 몸이 힘든 거야 어쩔 수 없지만, 아이를 이해하지 못해 마음마저 힘들면 육아는 그야말로 아이와 부모가 진흙탕 속으로 함께 빠져들어 가는 게임이 된다.

힘 빼고 아이를 관찰하면서 과정을 지켜보고 함께하면 신비한 마법처럼 아이의 행동 하나하나를 이해하는 마음이 생긴다. 그리고 적절하게 아이의 행동에 대처할 수 있는 해법이 생긴다. 아이가 다섯 살이면 엄마도 다섯 살이다.

시간이 걸린다는 것은 깊이 알아간다는 것

-2020년 마지막 날. 여섯 살 시은이와 일곱 살 소율이의 대화

소율: 오늘이 마지막 날이야.

시은: (놀라며) 응? 언니 이제 어린이집 안 오고 초등학교 가?

소율: 아니, 올해 마지막 날이라고.

시은: 그게 뭔데?

소율: 올해가 마지막 날이고, 이제 1월 1일이 다시 오는 거야.

시은: 나 잘 모르겠어. 언니가 자꾸 설명해 줘도 잘 모르겠어.

두 녀석이 동시에 나를 바라보며 도와달라는 메시지를 보낸다.

나: 시은이가 아직 이해를 못 했구나.

시은: 근데 원장님! 난 이해가 뭔지는 알아요.

나: 그래?

시은: 네.

나: 그럼 원장님한테도 알려줘 봐. 이해가 뭐야?

시은: 이해는 아직 알아듣고, 아직 못 알아듣고!

여섯 살이 이해한 '이해'라는 단어의 뜻이다. 내가 이해를 할 수

있도록 손동작으로까지 설명해 주는 시은이의 귀염성은 한도 초과다. 표정을 보니 정확히 설명했다는 자신감이 넘쳤다. 이렇게 단어의 뜻을 잘 모르는 경우 자기 식으로 바꿔서 이해한 것을 상대에게 말하는 일은 여섯 살, 일곱 살 아이들에게 자주 들을 수 있다.

수없이 많은 의미를 어른들이 모두 설명해 준다면 시은이가 이해한 '이해'의 뜻을 '아직 알아듣고, 아직 못 알아듣고!'가 아닐 것이다.

여섯 살, 일곱 살쯤 되는 아이들의 지식을 확장시키는 과정은 어른들에게 설명으로 듣는 것도 중요하지만 책을 통해서나 이전 경험을 통해서 내가 받아들인 만큼 조합을 하면서 이해를 한다.

'잠을 설친다', '애간장이 녹는다', '살을 엔다', '기가 막힌다'… 그림책을 읽다 보면 이런 말들이 자주 등장한다. 어려운 문장이지만, 이야기의 흐름을 보며 문장의 뜻을 어렴풋이 이해하는 아이도 있고, 모른다고 직접 질문을 하는 아이도 있다.

《된장찌개》라는 그림책을 일곱 살 반에서 읽어주고 있을 때의 일이다. '살을 에는 바람이 분다'라는 문장이 나왔다. 아이들은 이해하기가 힘들었는지 무슨 뜻이냐고 질문을 한다. 직접 설명을 할 수도 있었지만 그림과 앞뒤 문장을 다시 읽어주면서 이해를 도왔다. 이해했는지 조금은 편안한 표정들이었다. 그걸로 만족했다.

책 뒷부분을 읽을 때이다. '된장찌개는 기가 막히게 맛있다'라는 표현도 나왔다. 아무도 질문을 하지 않기에 이 뜻을 이해했을지 궁금했다. 이번엔 내가 질문을 했다.

"애들아, 기가 막히게 맛있다는 말이 무슨 뜻일까?"

원기가 기다렸다는 듯 손을 번쩍 들고 대답했다.

"된장찌개를 가족들과 먹는데 귀가 막혀서 옆 사람 소리가 안 들릴 정도로 맛있다는 이야기예요."

"아하, 그래? 혹시 원기랑 다른 생각을 하는 친구 있어요?"

원기의 대답을 듣고 있던 태윤이가 원기의 말이 이상했나 보다.

"선생님 그런데요, 맛있는데 왜 귀가 막혀요?"

"그럼 원기가 대답해 줄래? 원기야, 왜 맛있는데 귀 막혀 안 들린다고 생각해?"

"음~ 몰로겠다(모르겠다)."

원기는 난감한 표정을 지었다. 사뭇 진지했다.

'기가 막힌다'라는 표현을 아이들이 잘 이해할 수 있도록 도와야 했다. 이전 방법대로 책장을 앞으로 돌려 그림과 내용을 다시 읽어주었다.

중간쯤 읽어 내려가고 있을 때, "아하~ 알았다! 알았다!" 태윤이가 벌떡 일어나며 소리쳤다.

"그래? 태윤이가 설명해 주세요."

"음~~ 너무너무 맛있어서 말을 할 수 없을 정도라는 거예요."

"그렇구나. 그럼 기가 막힌다는 말을 또 어떨 때 쓰는지 알아내면 이야기해 줄래?"

"네!"

아이들 모두 자신 있게 합창하듯 대답했다. 아이들 스스로 어려운 말의 뜻을 찾아냈다. 그렇게 찾아낼 때까지의 과정을 시간이 걸릴지라도 우리 어른들도 즐기면서 기다려줘야 한다.

청개구리 아이들의 이유 있는 반항

사람들은 남이 권하는 건 의심스럽고 괜히 하기 싫어지는 반면, 하지 말라고 하는 건 더 하고 싶어진다. 이를 '반심리학(Reverse psychology)' 혹은 '역심리학'이라고 부른다.

미국 캔자스대학 심리학과 학생이었던 샤론 브렘(S. Brem)은 1977년 유명한 실험 결과를 발표했다. 그는 24개월 전후의 아이들을 장난감이 있는 방에서 어떤 장난감을 가지고 노는지를 관찰했다.
관찰 결과, 장난감 자체는 중요하지 않았다. 유리 벽 뒤에 있는 장난감이 인기 있었고, 그중에서도 높은 유리 벽 뒤에 있어서 번거롭게 뒤로 돌아가서 가져와야 하는 장난감이 가장 인기 있었다. 아이들은 그곳에 있는 장난감을 유리벽과 상관없이 놓여 있던 장난감들에 비해 최대 3배까지 더 많이 가지고 놀았다. 후속 연구 결과, 이런 현상은 생후 2년 이전에는 잘 나타나지 않았다. 3세부터는 아주 확실하게 나타났다. 그러니까 인간은 3세부터 청개구리 본능이 발현되는 존재이다. (월간중앙 2020. 5. 20. 〈장근영의 팝콘 심리학〉 중에서)

연구 결과로 본 청개구리 본능은 내 아이의 호기심 발달과 관련이 있다. 호기심이 많은 아이가 더 많이 청개구리를 닮았다. 반대로만 행동하고 하지 말라는 짓만 골라 하는 아이들에게는 하지 말라는 것은 더 하고 싶은 본능이 있다는 것만 이해해도 좀 마음이 편해질 것이다.

그렇다고 인성이 바르지 않은 것은 아니다. 다만 지금 자신에 대해 이해하고 자율성이 커지는 시기를 지나고 있어서 싫다는 말을 입에 달고 산다. 이런 아이들을 보면서 '왜 내 아이만 저럴까?' 불안해하고 자책하기보다 이해하고 좀 더 여유를 가지는 것이 더 현명한 방법이다.

그렇다고 육아가 힘들기만 한 것은 절대 아니다. 아이는 아이 그대로의 모습대로 성장하고 있는데 보는 사람의 마음에 따라 예쁘게 보다가 밉게 보다가 하는 것이다.

오늘 하루 아이와 함께하는 시간이 힘들고, 아이가 진짜 청개구리로 보여 미운 마음이 더 들었다는 걸 알아차리는 순간 회의 감이 밀려오고 자책하고 더 힘들다. 엄마가 힘들면 아이는 더 힘들다.

그래도 함께한 하루 중 알아차리지 못했던 아이의 예쁜 모습을 더 많이 떠올리면 후회와 자책보다는 오늘 하루 아이와 열심히 살았다는 뿌듯함이 자리할 것이다.

가만히 생각해 보면 아이만큼 부모를 행복하게 하는 존재는 없다. 살짝만 다른 각도로 돌리면 아이들은 무궁무진하게 예쁜 모습으로 엄마의 마음을 설레게 한다. 엄마를 가장 많이 설레게 하고 웃음을 주는 것도 아이다.

청개구리 아이들의 일상은 저마다의 속도로 굴러간다.

함께 생각해 봐요

아이는 왜 엄마 말을 안 들을까?

엄마 상태 점검하기	1. 내 마음이 아이를 돌볼 때 편안했나? 2. 내 몸이 아이를 돌볼 때 편안했나? 3. 아이를 이해할 준비가 되었나?

아이 입장 생각하기	1. 안 들린 건 아닐까? 2. 말뜻을 못 알아들은 건 아닐까? 3. 좀 더 중요한 놀이를 집중해서 못 들은 건 아닐까? 4. 하던 놀이나 일을 더 하고 싶은 건 아닐까? 5. 엄마의 잦은 잔소리에 무뎌진 건 아닐까? 6. 엄마의 다음 행동을 알기 때문인 걸까? 7. 발달 단계보다 아직 이른 미션인가?

엄마를 위한 동화 8

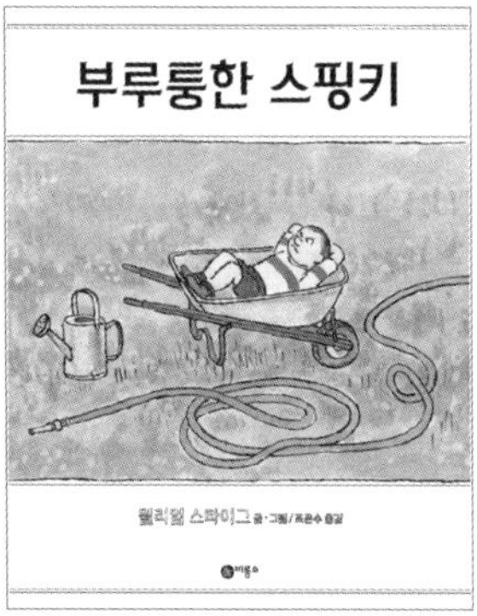

《부루퉁한 스핑키》

윌리엄 스타이그 글·그림
조은수 옮김
비룡소

답을 찾는 건
아이들 몫이다

설명 듣느라 진 빠지는 아이

몇 해 전, 제주 여행을 마치고 김포로 오는 비행기 안에서의 일이다. 창가에는 네 살 정도로 보이는 아이가 앉고 가운데 자리에는 아이의 엄마가 앉았다. 통로 쪽이 내 자리였다.

아이 모습만 보면 미소가 절로 지어지기 때문에 나도 모르게 아는 사이처럼 아이와 눈인사를 했다. 아이는 피식 어색하게 웃어주고 고개를 돌렸다.

한참 후, 의식하지는 않았어도 옆에 앉은 엄마의 목소리가 자꾸 들렸다. 상황을 보니 아이가 기내에서 나눠준 신문을 가지고 혼자 놀이를 하고 있는데 엄마가 쉬지 않고 건건이 설명을 해주고 있었다. 신문에서 아이 이름에 해당하는 글자를 찾아보라는 둥, 창밖에 구름을 보게 하더니 구름이 형성되는 과정을 장황하게 설명하고, 또 비행기가 왜 구름 위에 있는지…. 엄마의 설명은 끝없이, 끝도 없이 이어지고 있었다. 아이 목소리는 전혀 들리지 않고 엄마만 이야기하고 있었다.

옆에 앉은 내가 짜증이 날 정도였다. 자는 척하고 눈 감고 있으려니 잠시 후 조용해졌다. 힐끔 옆을 봤다. 엄마의 소리를 안 듣고 싶었는지 아이는 신문을 머리 위로 뒤집어쓰고 엄마의 시선을 막아 버린 채 신문지 속에서 혼자 놀이를 하고 있었다.

난 속으로 아이의 행동에 박수를 보냈고 내 속이 시원했다. 자기 살길을 나름대로 찾겠다는 의지를 표현한 것 같아서였다.

설명하느라 진 빠지는 부모, 그 설명을 듣느라 진 빠지는 아이, 둘 다 안타까웠다. 엄마는 모든 걸 해주고 싶고, 모든 걸 다 설명해 줘서 아이가 좀 더 편안한 길을 가도록 돌보며 돕고 싶은 마음일 테지만 아이가 바라는 것은 그것이 아니다.

사실 엄마가 이렇게 설명하는 데는 지식을 빠르게 전달해 주고 싶은 마음이 더 클 때가 더 많다. 하지만 궁금한 것을 스스로 묻고 찾아가는 과정에서 얻은 지식이 더 오래 유지되고 값진 지식이다.

모든 걸 엄마가 설명해 주면 아이의 유추 능력을 망칠 수 있다.

답을 찾는 건 아이들 몫이니 지켜보다가 반응해 주는 것, 이것 또한 참 멋진 엄마가 되는 지름길이다. 아이들에게 스스로 발견하고 알아가는 기쁨을, 온전히 발견할 기회를 최대한 많이 제공해 주어야 한다.

서로가 서로의 스승이다

어린이집 점심시간에는 나이에 따라 각각 밥을 가져가는 방법도 다양하다. 일곱 살 아이들은 자기가 먹고 싶은 만큼 자율적으로 자기 식판에 담아 간다. 자율 배식 형태이지만 먹기 싫은 음식도 조금씩 더 먹어볼 것을 선생님이 권유하기도 한다.

여섯 살 반은 일곱 살 반처럼 할 때도 있지만, 아이들이 놀이에 집중하고 있으면 선생님이 양을 달리하면서 미리 식판에 음식을 담아 책상에 올려놓을 때도 종종 있다.

놀이를 마치고 돌아온 유호가 책상 위에 차려진 식판을 보고 묻는다.

"선생님, 제 것은 어디에 있어요?"

뒤따라오던 지훈이가 유호 목소리에 한마디 거든다.

"응, 그건 식판에 양을 쭉 둘러보고 보고 내가 먹을 수 있는 만큼 놓인 곳에 앉아서 먹으면 돼."

"알았어."

유호가 대답하고 자리에 앉으니 지훈이가 또 유호에게 말을 건넨다.

"혹시 부족하면 선생님께 더 달라고 하면 돼."

"알았어."

그렇게 유호가 자리를 잡고 나니 자연스레 뒤에 오던 아이들도 식판을 보고 돌면서 자기에게 적당한 양의 식판이 놓인 자리에 앉는다.

선생님 대신 대답을 지훈이가 했지만, 이처럼 아이들은 서로가 서로의 역할 모형이고 스승이다. 교사가 일일이 설명하지 않아도 끼리끼리 설명해 주면서 일상에서 자연스레 규칙이나 정보를 터득할 때가 더 많다.

난 지훈이에게 물었다.

"지훈아, 밥이 놓여 있는 식판을 보고 자리에 앉는 그런 방법을 어떻게 알았어?"

"그건 생각을 해보면 금방 알 수 있어요."

"그럼 금방 모르는 애들은 어떻게 하면 금방 알 수 있을까?"

"그건 자꾸 보면서 생각해 보면 금방 알 수 있어요."

"그래? 그래도 금방 모르는 애들은 그럼 어떡하지?"

"그럴 땐 제가 알려줄게요. 왜냐하면 나는 금방 아는 방법을 알고 있거든요."

지훈이의 야무진 대답 속에는 자신감이 넘쳤다. 그렇다고 지훈이가 여섯 살 수준에서 모든 것을 금방 알 수 있을 만큼 야무진 것은 아니다. 책을 좋아하지만, 글자는 모른다. 아예 선생님이 반복해서 읽어주는 동화의 내용을 통째로 외워서 책 속 그림을 보면서 글을 아는 것처럼 친구들에게 읽어줄 때도 있다.

처음 접하는 책의 내용은 이번엔 글씨 좀 안다는 유호의 도움을 받는다. 이때는 또 유호의 글씨 읽는 능력이 빛난다. 아이들끼리는 서로 도움을 주고받으며 서로에게 의지한다.

구소련의 교육심리학자 레프 비고츠키(Lev Semenovich Vygotsky, 1896~1934)의 연구에 의하면 "아동은 실제적 발달 수준에 머무르거나 계속해서 유능한 타인의 도움만을 받아 해결하게 할 것이 아니라 이 둘 사이의 틈을 줄여 현재 발달 수준을 점차 늘려가야 한다"고 한다.

비고츠키의 이론이 아니더라도 교실에서 관찰되는 아이들 모습에서 자신의 발달 수준을 늘려가는 방법이 확연하게 드러난다.

아이들이 가장 좋아하는 상대는 자기보다 살짝 나이가 많거나 자기보다 살짝 수준이 높거나 자기보다 살짝 키가 크거나 자기보다 살짝 야무져 보이는 친구나 형, 누나들이다. 그리고 이들을 본보기로 자신의 발달 수준을 늘려가는 것을 볼 수 있다.

사실 이런 아이들에게 나도 세상의 이치를 배울 때가 많다. 지훈이와 유호처럼 우리의 사회관계는 서로가 서로의 스승이다.

멋진 엄마 모습도 마찬가지다. 아이가 보고 따라 배울 수 있도록 실제로는 더 높은 수준이지만 아이보다 살짝 높은 수준만 유지하면 된다.

설명하느라 진을 빼지 말자

세 살 아이의 지식이 다섯 살 아이의 양만큼 되길 원하는 것은 어리석은 일이다. 아이가 묻지도 않는데 지식을 머릿속에 좀 더 집어넣어 주고 싶어 열심히 설명하는 부모는 에너지를 쓸데없이 쓰는 셈이다.

설명하느라 진 빠지는 엄마의 모습에 아이의 호기심은 멈출 수도 있고, 세상에 대한 궁금증도 질문도 멈출 수 있다. 스스로 찾아가면서 익히는 법을 모르고 성장할 수도 있다.

당장 아이가 이해하지 못하면 조바심이 날 수도 있지만 그건 잠깐이다. 아이들에게 비슷한 상황은 반복될 것이고 흐름대로 받아들이면서 이해하고 사고하는 힘을 키워간다.

부모님들은 아이가 모른다고 하면 모두 설명해야 한다는 강박하고 있다. 손발도 모자라 온몸을 쓰며 설명하느라 진땀을 빼며

애쓴다. 설명이 꼭 필요한 순간인지, 필요치 않은 순간인지 아이의 표정과 상태를 살피며 민감하게 판단해야 한다.

아이의 이해를 돕는 방법 중 부모의 설명보다는 주변 상황을 이용해 체험이나 경험을 할 수 있는 기회를 주거나, 가장 쉬운 방법으로는 동화를 들려주는 것이다.

보통 부모들은 빠르게 지식을 전달하고 빠르게 받아들였으면 하는 마음에 설명하는 경우가 대부분이다. 아이의 관심사보다는 부모가 알려주고 싶은 마음이 더 많고 급하니 장황한 설명으로 이어진다.

앞에서 시은이와 소율이의 대화를 글로 옮겼었다.

여섯 살 시은이는 '올해의 마지막 날이 지나면 1월 1일이 온다'라는 의미를 설명하지 않아도 책을 읽은 경험이 쌓이거나 실제로 상황이 일어나면 일곱 살 소율이 언니처럼 알게 된다. 그런 걸 안다는 것은 어려우므로 천천히 깨닫게 될 수도 있다.

마지막 날이 지나고, 새해 1월 30일이 지났는데 소율이 언니는 학교에 가지 않았다. 언니가 왜 학교에 가지 않았는데 마지막 날이라고 이야기했는지 시은이는 생각의 조각들을 연결하며 자연스럽게 알 것이다.

시은이처럼 시간의 조각을 연결하는 어린이들과 그것을 기다려주는 엄마들 모두 파이팅!

부모는 아이 삶의 보호막이다

부모는 아이 삶의 보호막이다. 이 보호막 안에서 아이는 스스로 힘을 키우고 경험을 차곡차곡 저장하고 세상에 나갈 준비를 하며 삶의 면역력을 키워나간다.

아이 삶의 면역력은 고통이나 힘든 일을 이겨나가는 법, 나만의 가치관을 세우는 법, 습관을 만드는 법, 계획을 세우는 법, 인간관계를 잘하는 법 등 살아가면서 꼭 필요한 것들이다. 부모의 보호막이 필요 없어질 만큼 성장을 하면 아이는 스스로 면역력으로 바꾸어 자신의 삶을 꾸려간다.

우리는 머리로도, 몸으로도, 가슴으로도 배운다. 머리로 배우는 것들은 휘발성이 강해 시간이 지나면서 사용하지 않으면 거의 잊힌다. 내겐 수학 문제나 화학 원소 기호 같은 것들이다.

몸으로 배우는 것들은 삶을 살아가는데 편리하게 해준다. 자전거 타기, 어릴 때 하던 공깃돌 놀이, 줄넘기 등 한번 배우면 몸이 기억하고 잊히지 않는 것들이다.

가슴으로 배우는 것은 삶 전체에 기둥 같은 것이다. 자기 삶을 사랑하는 태도, 세상의 따뜻함, 남을 존중하고 사랑하는 이타심 등 가슴으로 배우는 것들은 평생 삶을 풍성하게 해준다.

아이를 잘 키우려면 지금 당장 눈에 띄는 머리로 배우는 것들보다는 보이지는 않지만 큰 힘을 발휘하는 가슴으로 배우는 것들을 더 잘 챙겨야 한다. 그래야 아이 삶의 면역력은 단단해질 수 있다. 아이 삶의 면역력은 세상을 향해 나가는 힘이다.

부모의 보호막 안에서 아이는 자신의 시간, 자신의 하루에 주인이 되어 다양한 경험을 하고, 삶을 풍성하게 살아가는 기초를 배운다. 엄마로서 부모로서 성취감은 목표나 목적에 있지 않고 과정에 있다. 그 과정을 부모로서 엄마로서도 충분히 즐겨야 한다. 유아기는 평생을 살아갈 힘을 비축하고 삶의 균형감과 기초 능력을 키우는 시기다.

영화 '쥐라기 공원'에서 말콤 박사는 이런 말을 한다. "생명은… 방법을 찾는다는 말입니다."

답을 찾는 건 아이들 몫이다.

함께 생각해 봐요

아이에게 더 해줘야 할 일은 무엇인가요?
또 빼야 할 것은 무엇인지 생각해 보세요.

더 해줘야 할 것들(+)	빼야 할 것들(-)
ex) 눈 맞춤	ex) 과도한 설명

엄마를 위한 동화 9

《바람이 멈출 때》

샬럿 졸로토 글
스테파노 비탈레 그림
김경연 옮김
풀빛

솔루션

2

지금을 바라보고 이해하기
(인정해 주기, 지지해 주기)

"어린이들은 덜 똑똑하지 않다. 그들은 경험이 적을 뿐."

– 존 버닝햄

아이들은 덜 똑똑하지 않다. 경험이 적을 뿐
(Run stop Play on)

자기 삶을 꾸려나갈 힘의 원천

2021년 여름, 도쿄 올림픽 양궁장에서는 낯선 모습이 보였다. 두 주먹을 불끈 쥔 소년이 자신의 경기 전에 '파이팅'을 외치는 소리였다. 그동안 양궁장에선 정신 집중을 해야 하므로 작은 소리도 조심하는 분위기였는데, 금기 아닌 금기처럼 여겨졌던 파이팅을 외치는 소리에 놀란 사람들도 많았을 것이다.

하지만 막내 양궁 선수 김재덕은 파이팅 기합을 넣으며 경기에 대한 압박감을 이겨내고 동료 선수를 격려하는 모습을 보면서 세대가, 시대가 변했다는 생각을 절로 하게 되었다.

그즈음 제주도로 가족 여행을 갔었다. 표선 해수욕장에서 서프보드를 즐기는 젊은이들 모습에 이끌려 물속으로 들어가 한참을 즐기고 있을 때 예쁜 여름 원피스를 입은 앳된 모습의 숙녀 3명이 바닷가에서 분주히 움직이는 광경이 내 눈에 띄었다. 맛있는 음식과 음료로 식탁을 꾸리고 햇빛을 피할 파라솔까지 펼치더니 깔깔거리며 사진 찍기에 집중하고 있었다.

발랄하고 예쁜 모습이 부러워 눈길이 갈 수밖에 없었다. 한데 이 세 명의 숙녀는 사진만 열심히 찍더니 파라솔을 접고 식탁을 치운 후 짐을 들고 유유히 사라지는 것이었다. 내 눈에는 참 이해할 수 없는 광경이었다.

그날 밤 바닷가를 산책하고 있을 때 낮에 만났던 숙녀들이 연출했던 비슷한 광경을 또 마주했다.

역시 예쁘게 식탁을 차리고, 이번엔 파라솔은 없지만 그 자리를 호롱불이 대신했다. 역시 사진 찍기에 바빴고 깔깔거리는 웃음소리는 너무도 경쾌해서 산책하던 나에게까지 전달되었다. 산책을 마치고 되돌아오는 길에 호롱불 숙녀들이 궁금해서 찾아보니 그 자리는 빈자리로 남아 있었다.

다음 날이었다. 별다방에서도 낯선 두 젊은이가 눈에 띄었다. 두 젊은이는 제주에서만 파는 시그너처 메뉴인 음료를 한 잔씩 들고 바다를 배경으로 둘이 돌아가며 연신 사진만 찍고 있었다. 굳이 그 모습을 보려고 애쓰지 않아도 계속 우리 앞에서 어수선

하게 왔다 갔다 해서 볼 수밖에 없었다. 그렇게 사진만 찍던 두 남녀는 잠시 후 사라졌다. 그들이 들고 사진만 찍던 음료는 마시지 않고 버려져 있었다.

양궁 선수 김재덕이나 바닷가에서 만난 숙녀들, 별다방의 남녀를 MZ 세대라 부른다. 밀레니얼 세대(1980년대 초~2000년대 초 출생)와 Z세대(1990년대 중반~2000년대 초반 출생)를 합친 말이다. 이 세대의 특징은 기존 관념이나 굴레보다는 자기 소신껏 당차게 행동하고 자기의 취향을 존중한다. MZ 세대는 개인의 선호, 취향, 가치관을 중심으로 관계를 재구성해 나간다. 또 모바일에 익숙하고, 소통에도 적극적이지만 남의 눈에 신경 쓰지 않고 개인의 행복을 최고로 추구한다.

제주도에서 만난 젊은이들이 유독 내 눈에 낯설고 눈에 띈 이유는 내 안에 있었다. 행복으로 가는 적용점이 그들과 달랐다. 내가 자란 사회는 학교, 가족, 회사 등 소속과 관계를 중심으로 성장 발전하는 시대였기 때문에 정답과 모범과 관념과 굴레에 집착했을 수 있다. 주도적인 삶을 사는 세대의 변화를 받아들이는 것에 유연하지 않을 수 있다.

MZ 세대도 세월이 흐르면 지나간다. 2021년 유아기(0~만 5세)를 지나고 있는 지금의 아이들이 어떤 세대로 불릴지 모르지만 20~30년 후엔 사회의 주역으로 일할 나이로 성장할 것은 분명하다. 이들 앞에 펼쳐질 미래는 감히 예측도 상상할 수조차도 없다. 지금 내 품에 있는 아이가 어떤 모습으로 자기 취향을 가지며 자신의 모습을 당당하게 드러낼지, 놀이와 생활에서 어떤 당황스러운 행동을 할지, 어떻게 성장해 있을지 예측은 불가능하다. 시대를 주도하는 세대는 끊임없이 성장 발전하며 모양을 달리하기 때문이다.

다만 이들에게 가장 필요한 것은 빠르게 변화하는 시대에 유연하게 대처할 수 있는 역량을 키워주는 것이다. 모든 가능성을 가지고 있는 아이들에게 가장 필요한 것은 다양한 경험을 풍부하게 해주어야 한다.

다양한 경험이 주도적으로 자기 삶을 꾸려나가는 힘의 원천이다.

'어린이들은 덜 똑똑하지 않다. 그들은 경험이 적을 뿐'

나, 너, 우리, 우리나라 대한민국.

지금도 기억이 선명하다. 내가 처음 배우고 쓴 글씨다. 연필심에 침 묻혀 네모 깍두기공책에 꾹꾹 눌러쓰며 익힌 나의 첫 글자들이다. 그때는 초등학교에 들어가야만 글자를 배웠고, 한 6월쯤 되어야 한글을 통달하는 수준으로 급이 올라가던 시기였으니 내 나이 또래가 아니라면 공감하기 힘든 '라떼는 말이야' 이야기다.

숙제는 거의 매일 같은 글씨를 100번씩 쓰기였다. 낮 동안은 실컷 뛰어놀다가 저녁 먹고 나면 잠이 쏟아져 숙제는 까맣게 잊고 그다음 날 그냥 학교에 가는 날이 허다했다. 숙제를 안 해 가면 선생님께 손바닥 맞고, 벌이 추가되어 다음 날은 200번씩 써 오기다. 이런 벌을 밥 먹듯이 받았다.

1971년, 서울 상황은 달랐을까?

서울에서 사립 초등학교에 다닌 남편에게 물어보니 시골 학교와 별반 다르지 않았다. 다만 가정 형편이 좀 더 나은 아이들은 유치원을 다녀서 한글을 다 떼고 입학했다고 한다. 남편도 나와 마찬가지로 깍두기공책에 한글을 100번 쓰기는 눈 감고도 하는 달인이었다고 한다. 지금은 웃으면서 이야기하며 옛 추억을 떠올리지만 그때는 너무너무 하기 싫어서 공부는 정말 재미없는 것이었다.

영국의 동화 작가 존 버닝햄(1936~2019년)이 쓴 《지각대장 존》은 1987년에 발표되었다.

동화 속 주인공 존은 학교에 가려고 나서기만 하면 풍부한 상상력과 온갖 호기심이 발동해 딴짓하기 대장이다. 그러니 매일 지각한다. 선생님은 그런 존에게 눈길 한 번 주지 않은 채, 아이의 마음을 들여다보려 하지도 않고 거짓말을 한다며 매일 반복적으로 벌만 준다.

존은 방과 후 교실 안에 갇혀서 '악어가 나온다고 거짓말하지 않겠습니다'를 300번 쓰고 '다시는 사자가 나온다고 거짓말하지 않겠습니다'를 벽 보고 400번 외치고 '다시는 강에서 파도가 덮쳤다고 거짓말하지 않겠습니다'를 500번씩 쓴다. 동화책 속 존의 얼굴은 지치고 힘겨운 초등학생의 얼굴이다.

나도 어릴 적 초등학교(국민학교) 가는 길은 존과 비슷했던 것 같다. 학교 가는 길은 반듯한 신작로와 도랑길이 있었다. 신작로는 간간이 자동차가 지나가면서 뿌연 먼지를 일으켰고 단순함이 싫었다. 도랑길은 내게 아주 매력적이었다. 사철 모양을 달리하는 도랑도 매력적이고 흐드러지게 피어 있는 달걀 꽃(망태 꽃)과 토끼풀의 매력에 푹 빠졌다. 그 토끼풀 꽃으로 시계와 반지도 만들어 끼고 학교까지 설렁설렁 가다가 지각한 기억이 있다. 물론 기억은 없지만 매도 맞았을 것이고 호되게 혼났을 것이다.

《지각대장 존》의 내용은 반전이 있다. 선생님이 커다란 털북숭이 고릴라한테 붙들려 교실 천장에 매달려 있다. 이때 선생님이 존에게 도움을 청하지만 존은 "이 동네에는 털북숭이 고릴라는 살지 않아요"라며 선생님을 돕지 않는 것으로 끝난다. 그동안 수없이 당했던 존의 시원한 복수다. 이때 존의 얼굴은 미소가 가득하다. 딴짓하는 아이들을 나쁜 학생으로만 규정짓고 혼내고 벌주는 어른들에게 동화 속 존은 일침을 가한다.

원문 책 면지에는 손 글씨로 쓴 반성문이 실려 있는데, 존 버닝햄의 막내딸 에밀리가 직접 쓴 것이라고 한다. 에밀리는 거짓말의 철자를 처음에는 'lies'로 바르게 썼지만 점점 지루해졌는지 나중에는 'lise'로 썼다고 한다(출처: 매거진 《가온 빛》). 뭔가를 반복적으로 의미 없이 쓴다는 것은 딸 에밀리에게도 굉장히 지루한 일이었을 것이다.

나의 두 아이 때도 그랬지만 지금 어린이집 아이들의 가장 가까이에 있는 동화책은 존 버닝햄의 작품이 가장 많다. 존 버닝햄의 그림책에는 자유롭고 무한히 상상할 수 있는 소재가 등장한다. 다양한 환상의 세계를 경험하게 하고, 아이들 스스로 재미를 만들어가며 꿈과 희망을 품게 하는 그만의 독특함이 있다.

아이들의 딴짓에는 반드시 경험이 녹아 있다. 경험은 우리가 살아가는 데 필요한 것들을 차곡차곡 쌓으면서 성장해 가는 인생의 시스템이다. 어른들이 정해 놓은 바른길, 곧은길이 아니더라도 딴짓하면서 새로운 경험이 추가된다. 그리고 이를 통해 쌓은 힘으로 밥벌이를 하며 사는 어른들도 주변에 수두룩 넘쳐난다. 아이들은 어른에 비해 미숙한 상태가 아니고 더 큰 역량과 잠재력을 발휘하기 위해 경험을 비축하는 시기다.

존 버닝햄은 가디언과의 인터뷰에서 이런 말을 남겼다.

"어린이들은 덜 똑똑하지 않다. 그들은 경험이 적을 뿐."

변화의 물결은 두렵지 않다

2016년 3월 인공지능(AI) 알파고와 이세돌 9단의 대국을 TV를 통해 봤다. 그 상황을 보면서 충격을 받은 이들도 많았을 것이다. 그 후에 우리가 상상만 했던 일들이 우리 생활 속에서 속속 일어나고 있다. 엎친 데 덮친 격으로 코로나19 팬데믹이 들이닥쳤고, 수없이 많은 변화가 빠른 속도로 일어나고 있다. 사람과 사람이 만나야만 했던 일들도 비대면으로 처리하는 것이 일상이 되었고 지식의 변화 속도는 예측하기에도 벅찰 정도다.

힘든 일은 기계가 대신하고 두뇌를 써서 암기하는 일은 컴퓨터가 대신하고 유추하는 일들은 빅 데이터를 이용하면서 인간의 능력은 점점 쇠퇴한다고 말한다.

정말 인간의 능력이 없어지거나 쇠퇴하는 건가?

맞다. 꼬리뼈가 없어지듯이 사용하지 않는 능력은 쇠퇴하고 없어진다. 대신 많이 사용하는 능력은 다시 새롭게 생긴다. 기존의 법칙과 시스템은 영원하지 않고 유지하는 것은 더 어렵다. 그렇다고 손 놓고 있을 순 없다.

나는 미래의 희망을 아이들 놀이를 보면서 찾는다. 아이들은 정형화된 놀잇감보다 자기 마음대로 만들 수 있는 것들이나 모양을 달리하면서 호기심을 자극하는 놀잇감을 더 선호한다. 그중 A4 이면지나 택배 상자의 활약상은 대단하다. 사무실에서는 역할을 다했지만 아이들 손에서는 무궁무진하게 재활용되고 재탄생한다. 아이들 손에서 A4 이면지는 똑같이 재탄생된 것이 하나도 없다. 아이들은 놀이를 하면서 지루해하지 않는다. 경험을 바탕으로 상상하는 대로 종이로 마술을 부릴 수도 있다.

이런 재미있는 놀잇감으로 놀이를 하지 않는 시기는 일곱 살 후반부터다. 참 슬프지만, 이때부터 초등학교 갈 준비를 더 많이 해야 하기 때문이다. 초등학교 가면 이래야 하고, 초등학교 가면 이건 안 되고, 초등학교 가면 규칙도 잘 지켜야 하고, 초등학교는….

초등학교에서 A4 이면지로 놀아도 이상하지 않아야 한다. 지금도 우리 주변에는 반세기 전 나와 남편이 했던 지루한 공부 방법대로 공부 성과에 연연하는 모습을 본다. 1+1을 알면 똑똑하다 생각하고 반복적으로 100번 쓰기, 200번 쓰기를 하는 아이들이 있다.

그렇게 열심히 공부해서 대한민국이 세계 경제 대국이 됐다고 목소리를 높이는 사람들도 있다. 맞다. 이런 공부 방식을 통해 우리나라는 엄청 빠른 속도로 압축 성장을 했다. 하지만 중요한 것은 이런 재미없는 공부를 한 어른들이 일궈낸 경제 성장의 이면에 우리나라 행복 지수는 세계 하위권이란 사실이다.

부모의 행복이 자식이던 시절에는 자신들이 한 고생을 자식에게 시키지 않으려고, 희생이 당연한 듯 뼛골 빠지게 농사짓고 소팔고 논 팔아 서울로 도시로 대학을 보냈었다. 하지만 부모의 행복이던 자식들은 그 행복을 이어나가지 못한다.

동화 《지각대장 존》 속의 존이 1987년도에 초등학생이었으니 아마 선생님보다 훨씬 더 행복한 어른으로 성장했을 것이다. 앞으로 20~50년 후 AI를 능가하는 사람으로 성장하기를 원한다면 똑같은 방법으로 하는 주입식 교육은 안 된다. 타성에 젖게 하는 주입식 교육은 변화에 따라가지 못한다.

자기 스스로 경험을 쌓으면서 참여하고 해답을 찾아가는 교육을 받은 사람은 변화하는 사회에서도 두렵지 않을 것이다. 경험은 곧 지식이다.

어린 시절은 길고 긴 어른의 시기를 잘 지내기 위해 기쁨과 경험을 충전하고, 잠재력을 키우는 시기다.

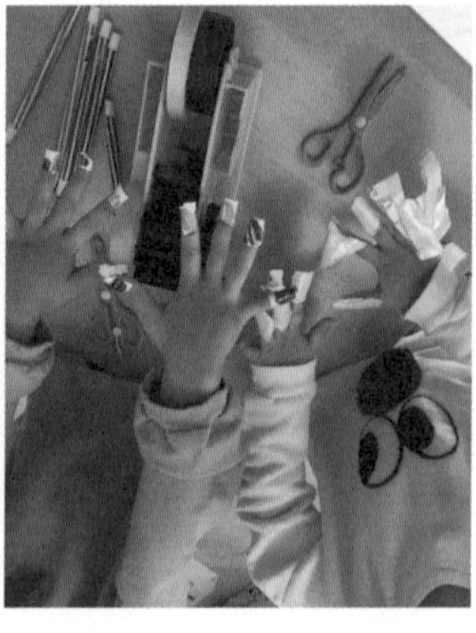

TIP 유아기의 경험은 왜 중요한가?

첫째, 두려움을 없애준다.

둘째, 언어의 양이 늘어난다.

셋째, 사고의 폭이 넓어진다.

넷째, 상상력이 풍부해진다.

다섯째, 사회성이 발달한다.

TIP 상상력이 풍부해지고 능동적인 아이로 성장시키기 위한 일상에서의 경험 만들기

1. 공간과 시간을 아이들에게 충분히 내어주자.

위험하다고, 학습 효과가 빨리 안 보인다고 자꾸 제지하면 새로운 것을 경험할 기회를 뺏는 것이다.

2. 놀잇감의 경계를 허물자.

주변의 모든 것이 아이들의 놀잇감이 되고 상상력을 자극할 수 있다. 엄마가 쓰는 조리 도구도, 아빠가 쓰는 연장도 모두 좋은 놀잇감이 된다. 비싼 놀잇감은 부모들이 뭔가 계산을 해 그만큼 놀아야 한다고 생각하지만, 아이 생각은 다르다. 엄마의 낡은 옷과 구두만으로도, 아빠 넥타이와 가방만으로도, 택배 아저씨가 가져다준 택배 상자만으로도 열흘 동안 지치지 않고 놀 수 있다.

3. 놀이 친구에는 나이 경계가 없다.

일곱 살이 세 살과 논다고 아이를 한심해하는 것은 글자를 100번 쓰기, 300번 쓰기를 시키는 것보다 더 나쁘다. 나이의 경계는 어른들이 만든 것이다.

4. 누구나 용이 될 필요는 없다.

재벌가의 자식들이 사는 법을 보면 차라리 '개천에서 용 난다.'라는 속담이 오히려 더 위안이 된다. 지레 겁먹고 너는 금수저가 아니라 안 된다는 생각은 일찍부터 버리는 것이 좋겠다. 아이의 가능성에 미리부터 한계를 짓는 건 아이에게도 못 할 짓이다. 누구나 용이 될 필요는 없다.

5. 내가 배운 방법대로 고집스레 내 방법만 펼치는지 점검해 보자.

엄마 생각 용량이 1MB(메가바이트)라면 아이 생각의 용량은 측정할 수 없는 진화하는 슈퍼컴퓨터다. 내 고집을 내 아이에게 적용하기에는 내 용량이 너무 작고 시야가 더 좁다.

6. 경험이 가장 큰 공부다.

즐거움을 느끼고 알아가는 과정을 배우는 것이 진짜 공부다. 아이들의 공부는 거창하지 않다. 주변의 모든 것을 탐색하고 몰입하며 즐거움을 찾고, 즐거운 것을 무한 반복하면서 새로운 즐거움을 만들어내고 싶어 한다.

엄마를 위한 동화 10

《지각대장 존》

존 버닝햄 글·그림
박상희 옮김
비룡소

나만의 육아 원칙이 있나요?
(내 스타일이 가장 빛난다)

나다움은 진정성에 있다

벌써 오래전 일이다. 잠시 어린이집 일을 접고 전국을 돌며 강의에 몰방한 적이 있다. 처음 강단에 섰을 땐 평소에 하던 대로 어린이집 아이들 뒷담화하듯 엄마들과 수다를 떨며 진행했다. 할수록 욕심이 생겨 더 잘하고 싶고, 부모님들에게 더 가까이 다가가고 싶었다. 그런 마음이 들자마자 바로 강의를 잘하는 법에 관해 공부하고 실행에 옮겼다.

뭐든 시작하면 푹 빠져서 집중하는 스타일이라 돈도 많이 들이고 많은 시간을 투자해 여기저기 쫓아다니며 열심히 배웠다.

마이크는 이렇게 잡으라고 했지…. 두 걸음 앞으로 나가 인사하고…. 청중에게 눈 마주침을 몇 초 정도 하고. 또…. 또…. 또….

하지만 스킬을 배우고 익히고 그대로 실천하면서 강의를 마치고 나면 뭔가 남의 옷을 입은 듯 어색하기 짝이 없었다. 강의를 마치고 집으로 돌아올 때면 시원한 물을 마셔도 갈증은 해소되지 않았다. 물먹은 솜처럼 온몸이 무겁고 머리도 개운치 않았다.

답답했고 고민이 많아졌다. 계속 또… 더… 배워야 하나? 뭐가 문제일까? 강의하면서 크게 웃고 아이들 흉내까지 내면서 엄마들과 소통하던 것이 내 모습이었는데, 스킬을 배우고 난 다음부터는 갑옷을 입은 것처럼 불편해졌다.

그런 불편한 마음으로 지내던 중 강의를 통해 '구경선 작가'를 만났다. 토끼 '베니'를 그리는 구경선 작가는 두 살 때 열병을 앓은 뒤 소리를 잃었다고 한다. 말이 어눌하고 또 최근에는 눈에도 이상이 생겨 잘 보이지 않는다고 했다. 어릴 적 청력을 잃었으니 엄마와의 의사소통을 그림으로 표현했고 자연스럽게 그림 그리는 것을 좋아하게 되었다고 한다. 강의 진행은 구 작가가 앉아서 말을 하면, 등 뒤의 PPT로 구 작가의 말을 글로 대신해 주었다.

그녀의 강의를 듣고, 보고, 함께하면서 난 뒤통수를 크게 얻어맞았다. 그녀만의 색깔, 그녀만의 콘텐츠, 그녀만의 진정성 그것이 바로 나의 마음을 사로잡았다. 그동안 들었던 어떤 강의보다 그녀의 강의는 모든 것이 돋보이는 명강의였다. 나만의 콘텐츠로,

내 스타일로 진정성을 찾는 것이 더 중요하다는 것을 알아냈다.

그 뒤 불편했던 내 마음은 싹 씻겼고, 강의할 때 자연스럽게 아이들 뒷담화를 펼쳤다. 듣는 엄마도 메시지 전달하는 나도 환한 웃음이 넘치는 강의장이 되었다. 다시 나답고 자연스러워졌다.

일곱 살의 꿈을 응원해 주세요

일곱 살 반 아이들의 생일잔치를 할 때는 항상 교실이 들썩인다. 생일 주인공과 친구들은 생일 파티에 초대되고 주인공에게 나중에 커서 뭐가 되고 싶은지를 물어본다.

그냥 예쁜 옷 만드는 엄마가 되겠다는 예린이, 더 멋진 인간 김하윤이 되겠다는 하윤이, 의사, 간호사 등 일곱 살의 꿈은 아주 다양하다.

도영이 꿈은 '신비아파트의 울프 맨'이 되는 것이다. '신비아파트' 속 등장인물이 너무 많아 울프 맨이 누구인지 사실 나도 궁금했다. 인터넷으로 검색을 해보고 나서 도영이의 혜안에 깜짝 놀랐다. 나도 도영이처럼 울프 맨이 되고 싶을 정도로 멋진 일을 해내는 귀신이었다.

울프 맨 가면을 쓰기만 하면 더 강해지고, 더 힘이 세지고, 더 정의로워진다. 여자아이들을 건드리던 불량배들도 울프 맨이 나와서 멋지게 구해 주고, 울프 맨은 천하무적이다.

'신비아파트'가 처음 방영되었던 몇 해 전 일이다. 어린이집에서 '신비아파트'를 보여줬느냐고 항의하는 엄마가 있었다. 매일 집에 와서 귀신 이야기만 하는 아이가 한심하다는 것이다. 아이들의 놀이 속에는 관심 있게 본 영화나 만화 등이 자연스레 등장하고, 이걸 듣는 것만으로도 스토리를 이해하는 예도 다반사다. 그런 것들은 아이와 엄마와의 대화 속에 자연스럽게 등장하는 것도 사실이다. 그렇다고 아이가 한심해 보인다는 말까지 하는 엄마가 내 눈엔 더 한심해 보였다.

나의 첫째 아들은 초등학교 2학년 때 소설《삼국지》속 '제갈량'이 되는 게 꿈이었다. 일곱 살 때부터 초등학교 2학년 때까지 아이의 머릿속은 온통《삼국지》로 채워져 있었다. 제갈량이 어떻고, 무슨 일이 있었고, 누구를 도왔고…. 일기장에도《삼국지》속 인물들로 가득했다. 조잘조잘 말도 많고 꿈도 많았던 큰아들이 제갈량처럼 되지 않았지만, 그땐 정말 커서 제갈량처럼 되는 줄 알았다. 아이들의 꿈은 그때그때 관심사에 따라 달라진다. 너무 자주 바뀌는 아이도 있지만 아직 꿈을 찾지 못하는 아이도 있다.

난 도영이의 꿈을 응원하고 지지해 주기로 했다. 정신력이 강하고, 건강한 힘을 기르고, 사회의 약자를 돌보는 정의로운 울프맨 김도영~~~!!!

일곱 살의 꿈이 이렇게 멋져도 되는 걸까? 속으로 흐뭇했다. 미래의 도영이는 가장 도영이다운 모습이 될 것 같다. 혹시 울프 맨이 되겠다는 꿈이 바뀔 수도 있지만, 더 멋진 아이로 성장할 것이 확실하므로. 그래도 괜찮다.

천 명의 SNS 친구도 내 아이 한 명만 못하다

원칙이라고 하니 좀 거창하게 들릴 수 있지만 어린이집에서 나만의 원칙은 '어린이집 주인은 아이들이다'를 잊지 않는 것이다.

나의 두 아들에 대한 원칙은 '내가 아이를 품었을 때 가졌던 생각이 계속 이어져 오는가'이다. 그때는 '손가락 열 개 발가락 열 개 모두 건강하면 된다'라고 소망했는데 아이가 성장하면서 점점 욕심이 커지고 줏대 없이 흔들릴 때도 많았다. 하지만 뿌리 깊은 나무는 흔들리다가도 다시 제자리를 찾는 것처럼 나만의 원칙이 있다면 육아도 흔들리지 않는 나무뿌리와 같다.

조리원 동기가 바퀴 3개짜리 유아차(유모차)에 아이를 태워 키운다고 자랑해도, 바퀴 4개짜리 유아차에 탄 아이가 방긋거리며 웃을 때 그 웃음에 행복한 내 웃음이 찐 웃음이다.

어린이집 친구가 가족끼리 캠핑 갈 때, 형편이 안 돼 못 가면 베란다에서 돗자리 깔고 엄마는 아이스커피, 아이는 아이스 주스로 짠~ 잔 부딪치며 눈 맞춤 하면 된다. 이것이야말로 서로에 대한 진짜 추억으로 쌓이고 좋은 관계는 덤으로 따라온다.

해외 직구로 날아온 기저귀와 분유만을 고집하기보다 내 아이에게 딱 맞는 제품이 무엇인지를 알면 된다. SNS 속 친구들이 전국 유명 맛집을 찾아다니며 여왕처럼 식사하는 모습보다 김과 달걀프라이만 있어도 내 아이와 함께하는 밥상이 황실 밥상이다.

엄마의 시선이 어디에 머무는가가 가장 중요하다. 아이에게 시선을 두지 않고 다른 무언가에 두면 아이가 보내는 신호를 알아차리지 못하기도 하니 도와줄 수 없다. 엄마 삶도 왜곡되고 마음이 졸보가 된다.

난 이렇듯 마음이 졸보인 엄마들을 '졸보 엄마'라고 말한다. 대부분 졸보 엄마들은 내 스타일과 나의 원칙이 없이 타인의 시선과 기준에 하루를 살아내느라 힘들다. 애들도 이런 자기 주도적이지 못한 졸보 엄마는 싫어한다.

자기답게, 나답게 산다는 건 타고난 성격대로 사는 것이다. 자기 맘대로 산다는 것이 아니다. 남의 시선으로부터 온전히 자유로워질 수는 없지만, 적어도 남의 시선으로부터 자유롭게 살려고 자신을 돌아보면서 노력은 해보는 것이다.

《민들레는 민들레》라는 동화책 있다. 어린이집 아이들에게 읽어주다가 내가 감동한 책이다.

민들레는 민들레

– 김장성

민들레는 민들레
싹이 터도 민들레
잎이 나도 민들레
꽃줄기가 쏘옥 올라와도
민들레는 민들레

여기서도 민들레
저기서도 민들레
이런 곳에서도
민들레는 민들레

꽃이 져도 민들레
씨가 맺혀도 민들레
휘익 바람 불어
하늘하늘 날아가도
민들레는 민들레

이 책을 통해 작가는 "어떻게 있든 무엇을 하든 민들레는 민들레인 것처럼, 누구나 참다운 제 모습을 지키고 가꾸며 자기답게 살 수 있는 세상을 바랍니다"라고 말한다. 민들레가 '나는 나'라고 선언하는 듯하다.

어디에 있건 사람들의 시선에 흔들리지 않고 나답게 살다 보면 나처럼 사는 내 아이와 마주하게 될 것이다. 진짜 나다운 모습이 가장 빛나는 모습이다. SNS 속 1,000명의 친구가 가장 잘난 부분만 보여주며 어찌 살든, 나와 내 아이가 사는 방식이 더 중요하고 소중하다.

문득 공자의 말이 생각난다.

"많은 사람은 자기보다 높은 곳에서 혹은 낮은 곳에서 복을 구한다. 그러나 복은 사람과 같은 높이에 있다."

TIP 소중한 아이 훈육 시 지켜야 할 원칙

훈육이 필요 없는 아이는 없습니다. 잘못도 하고 실수도 하면서 배우는 과정에 있기 때문입니다. 훈육할 때 다음의 원칙만 지켜주세요.

1. 지금, 이 순간 훈육이 필요한 아이에게만 집중한다. 예전 일, 동생이나 형, 오빠들의 일까지 덤으로 혼내지 않는다.

2. 이성적인 훈육. 감정에 복받쳐서 혼내지 않는다. 훈육에 앞서 엄마의 감정 정리가 먼저.
3. 상처 주는 말은 하지 않는다. '너 때문에 못 살아', ' 너 그럼 다신 엄마 못 봐' 등 험한 말만 해도 아이는 상처받고 맞는다고 생각한다.
4. 꽃으로도 때리지 않는다. 훈육 시 절대 체벌은 안 된다.
5. 결과만 가지고 훈육하지 않는다. 잘못할 의도가 없거나 과정에 뜻이 좋다면 인정해 준다.
6. 위험한 일과 남에게 피해 주는 일들은 단호한 훈육이 필요하다.
7. 훈육 후에는 반드시 아이 마음 어루만져 주기. 훈육으로 인해 낮아진 자존감을 세워주고, 죄책감을 느끼지 않도록 따뜻하게 어루만져 준다.

엄마를 위한 동화 11

《민들레는 민들레》

김장성 글
오현경 그림
이야기꽃

솔루션
3

부모의 시선을 아이에게 이동시키기
(기다려주기)

육아의 가장 좋은 교재는 '기다림'이다.

엄마의 눈은
아이의 마음조차 찍는 카메라

지금 원하는 감정을 다 느껴도 돼

질문:

아빠가 멀리 오랜 시간 동안 해외 출장을 갔다.

아빠가 보고 싶다며 아이가 울고 있는 상황에서 어떻게 하겠는가?

내게 매주 일요일 오후 9시 30분은 신나는 일이 시작되는 시간이다. 오늘은 무슨 일이 펼쳐질까 기대하는 마음으로 TV 리모컨을 든다. 수년째 특별한 일이 없는 한 거르지 않고 보는, KBS '슈퍼맨이 돌아왔다' 프로그램의 열혈 시청자다. 이 프로그램을 보는 시간은 다가오는 일주일을 잘 보낼 수 있는 활력을 불어넣어 주는 시간이다.

출연하는 아이들의 성장 과정을 함께하면서 에너지를 얻고, 그 아이의 부모로부터는 요즘 부모들은 어떻게 양육하는지 정보를 얻기도 한다. 물론 TV 프로그램이다 보니 우리 실생활과는 좀 먼 이야기 같고, 예능에 맞게 편집했겠지만, 육아의 맥락은 같다. 아이들의 귀여움만큼은 찐 현실이다. 관객의 눈으로 보니 재미있어도 너무 재미있다.

출연자 중 나은이라는 여섯 살 여자아이가 있다. 아빠의 직업은 축구 선수, 엄마는 외국인, 남동생이 두 명이다. 나은이는 남동생들이 어려움에 닥치면 한 방에 해결하는 해결사이고, 엄마나 아빠의 말에도 귀 기울이는, 내 눈에는 아주 매력적인 딸이다.

나은이 아빠가 오랫동안 해외 경기 때문에 집을 비웠을 때의 일이다. 동생이 아빠 사진을 보며 보고 싶다고 하자 나은이도 그동안 참았던 눈물이 터졌다. 아무리 의젓해도 아빠를 보고 싶은 마음은 눌러 참을 수 없었다. 이를 본 엄마가 물었다.

"나은아, 왜 슬픈 얼굴을 하고 있어?"

"아빠가 보고 싶어요."

"아빠가 보고 싶어? 아빠가 결승까지 올라간 걸 기뻐하자. 그러면 그땐 매일 볼 수 있어. 아침마다 아빠가 깨울 수도 있고. 그때까진 네가 원하는 만큼 슬퍼해도 돼."

엄마의 말에 울음을 그친 나은이를 꼭 안고 한마디를 더한다.

"지금 원하는 감정을 다 느껴도 돼."

나은이를 달래는 엄마 말을 듣는 순간 찐한 전율이 느껴졌다. 여섯 살 아이에게 "지금 원하는 감정을 다 느껴도 돼"라고 말할 수 있는 엄마. 나도 내 아이들에게 그렇게 하진 못했었고, 그동안 한 번도 그런 말을 들어본 적이 없다.

그저 감정을 누르고 참아야 착한 아이라고 배웠고, 아빠를 기다리면 금방 올 거라는 기대감과, 아빠가 올 땐 울지 않아야 선물도 사 올 거라고 보상만을 이야기했을 것 같다.

나은이 엄마의 노력은 계속되었다. 기분이 가라앉아 있는 아이들의 기분을 올리기 위해 자연스럽게 아빠 얼굴이 인쇄된 쿠션도 가져다주며 아빠의 빈자리를 느끼지 않도록 배려하는 모습에서 내가 그동안 모르고 있었던 사실을 알게 되었다.

배워본 적이 없어 표현하는 방법을 모르는 우리

우리는 슬픔, 즐거움, 화남, 기쁨, 괴로움 등 자신의 감정을 표현하는 방법보다 참고 누르는 법을 먼저 배웠다. 너무 크게 좋아해도 안 되고, 화남을 표현하기보다는 자제를 배웠고, 내 감정을 드러내면 남들이 흉본다고 배웠다.

나은이 엄마처럼 "지금 원하는 감정을 다 느껴봐"라고 감정을 표현하는 법을 지금까지 배워본 적이 없다. 배워본 적이 없으니 표현하는 방법도 서툴렀다.

호주에서 둘째 아들과 생활할 때 있었던 일이다. 자연스레 둘이 진지하게 이야기를 할 시간이 많았다. 스무 살 중반의 둘째 아이와 식탁에 앉아 커피 한 잔 마시면서 이런저런 대화를 가볍게 하고 있을 때 녀석은 툭 던지는 말로 내게 질문을 했다.

"엄마, 결혼하면 꼭 아이를 낳아야 해요?"

뚱딴지같은 소리에 당황했지만, 사뭇 진지한 아들의 생각을 듣고 싶었다.

"응! 엄마는 너희 뜻을 존중하지만, 나는 아이를 낳아야 한다고 생각해. 네 생각은 어때?"

"전 겁이 나요. 내가 공무원이라 치고 월급이 000원인데, 혼자 쓰기도 빠듯하잖아요, 집은 언제 사고, 차는 언제 사고, 또 여행도 가야 하고…. 가족이 생기면 부담감이 얼마나 크겠어요?"

현실적인 20대 아들의 생각이었다. 아이의 질문에 즉흥적으로 나온 내 대답은 궁색하기 짝이 없었다.

"부모가 된다면 내가 가지고 있는 감정들을 모두 꺼내서 쓸 수 있어!"

아들은 이해가 안 된 듯, 다시 질문을 했다.

"내가 가진 감정을 모두 꺼내서 써볼 수 있는 게 그렇게 중요해요?"

대화는 계속되었지만, 아들과의 생각 차이는 좁혀지지 않았다.

그 후 내가 가진 감정을 다 써본다는 것이 무엇인지 깊이 생각해 보았다.

내 감정은 모두 소중해

엄마가 된 순간부터 수없이 많은 변화무쌍한 감정에 휩싸이게 된다. 말로 설명할 수 없는, 이 세상에 없는 단어의 감정까지도 느낄 수 있는 것이 엄마다.

아이와 함께 울며 웃으며 부대끼며 하루에 열두 번도 더 스무고개를 넘는 듯하다. 내 감정을 모두 드러낼 수도 없지만 느끼는 감정들이 무엇을 의미하는지도 모르고 지나간다.

참다가 참다가 우울하고 꾹꾹 누르다 폭발하고 견디다 견디다 아프다. 엄마들도 그렇게 자랐기 때문에 내 감정을 들여다보며 어떤 감정인지 느끼고 해소하는 방법을 모른다. 그러니 아이 키우면서 느끼는 수없이 많은 내 감정들을 어찌 다 알고 해소할 수 있을까. 엄마도 이런데 어떻게 내 아이 감정까지 어루만져 줄 수 있을까.

넷플릭스 창업자 리드 헤이스팅스(Reed Hastings)는 어릴 적부터 자신이 무엇을 하든 부모님이 전폭적인 지지를 해주었지만 자신의 감정을 털어놓는 분위기는 아니었다고 한다. 서로의 감정을 건드리지 않았고 골치 아픈 문제는 피해 가는 식이었다. 그러다 보니 자신의 감정을 솔직하게 인정하거나 속내를 털어놓는 데 어려움을 겪어 결혼 후에 아내와 갈등이 생겼고 가정상담소까지 찾아가 해결했다고 자신의 책《규칙 없음》에서 토로한 적이 있다.

추측하건대, 나은이에게 말한 것처럼, 나은이 엄마는 자기의 감정을 느끼며 해소하는 방법, 자기의 감정에 대해 표현하는 방법이나 타인의 감정을 존중해 주는 법 등을 가족에게서 혹은 사회에서 경험하며 은연중에 배웠을 것이다. 그러니 딸에게도 느끼고 표현하고 해소하는 법을 전수할 수 있는 것이다. 나은이 엄마는 아이의 감정을 존중해 주는 중이었다. 이런 엄마를 TV에서라도 만날 수 있어서 내겐 행운이었다.

아들과의 대화 전에 나은이 엄마를 만났더라면 궁색하기 짝이 없는 엄마의 답이 한층 세련된 답으로 돌아갔을 것이다.

지금 내게 젊은 청년이 '내가 가진 감정을 모두 꺼내서 써볼 수 있는 게 그렇게 중요해요?'라고 다시 묻는다면 난 이렇게 말하고 싶다.

"내 감정을 모두 꺼내서 사용할 수 있다면 모든 감정은 옳다는 걸 알게 된단다. 자녀를 통해 내 감정을 들여다보며 내 감정에 대해 바로 알게 되지. 타인의 감정에도 그만큼 이해와 공감을 할 수 있어서 세상을 바로 보는 역할을 하는 거야. 또 똑똑하게 밖으로 감정을 드러내는 방법을 찾으며 진정한 어른으로 거듭나게 되는 거지. 다만 나쁘거나 불쾌할 때는 얼른 해소법도 찾아야 해."

이스라엘 출신으로 미국 뉴욕대학 교수를 역임한 하임 기너트(1922~1973)는 "아이의 감정을 존중해 주고 행동을 문제 삼아 꾸짖지 말라"라고 말했다.

아이도 자신의 감정을 느끼고, 표현하고, 해소하는 법을 배워야 마음이 건강한 아이로 자랄 수 있다. 어릴 적부터 자신의 감정을 느끼지 못하고 말하지 못하며 꾹꾹 눌러 참는 것만 배운다면 어른이 되어 불안이나 상실 등 낯선 감정이 찾아왔을 때 당황하게 된다.

이 감정을 다루지 못하고 조절하지 못해 나 자신도 불편하고 또 의도한 방향이 아닌 곳으로 폭발할지 모른다. 나은이 엄마가 말한 "지금 원하는 감정을 다 느껴도 돼"라는 말이 지금도 귓전을 맴돈다. 나은이 엄마의 눈은 아이의 마음마저 찍는 카메라였다.

눈과 마음으로 아이 마음마저 찍어 이해와 공감과 해소까지 해주는 엄마다. 나는 이렇게 내 아이에게 집중하면서 아이의 감정을 이해해 주며 함께하는 엄마가 정말 멋진 엄마라고 생각한다.

어떤 엄마는 아이를 본다. 또 어떤 엄마는 아이가 보는 것을 본다.

TIP 멋진 엄마가 아이 마음을 들여다보는 법

1	엄마 눈으로 보기	⇨	현재 아이에게 일어나는 일을 눈으로 본다.
2	아이의 마음을 읽어주기	⇨	지금 아이의 마음 상태를 읽어준다.
3	아이가 자기의 감정을 느낄 수 있는 시간 주기	⇨	10초 정도 짧게라도 아이에게 자기 마음을 들여다보고 느낄 수 있도록 시간을 준다.
4	느낀 감정을 표현하도록 하기	⇨	오롯이 아이 감정에 집중하며 들어준다.
5	느낀 감정을 해소할 수 있도록 돕기 위해 다른 방법을 찾아준다.		

TIP 대입해 보기 (나은이 엄마의 예)

1	눈으로 보기	나은이는 아빠 사진을 본 후 보고 싶다며 흐느껴 운다.
2	마음 읽어주기	나은아, 왜 슬픈 얼굴을 하고 있어?
3	자신의 감정을 느낄 수 있는 시간 주기	아빠가 보고 싶어요.
4	느낀 감정을 표현하도록 하기	나은이를 꼭 안아주며 현재의 감정을 표현하도록 한다.
5	그 감정의 해소를 극대화하는 다른 방법을 찾아주기	아빠 모습이 그려진 쿠션을 주면서 아빠라 생각하라며, 아빠는 항상 가까이에 있다는 것을 알려준다.

엄마를 위한 동화 12

《점》

피터 H. 레이놀즈 글·그림
김지효 옮김
문학동네

가장 좋은
육아 교재를 찾나요?

육아로 지친 엄마들의 인생 상담

수많은 엄마와 상담하다 보면 아이의 안부로 시작해 엄마들의 인생 상담으로 넘어가는 경우가 많다. 육아 고민부터 일 이야기, 부부 문제, 때로는 미혼 시절의 히스토리와 꿈까지 말하는 엄마들의 눈에선 눈물이 그렁그렁하다. 엄마들의 어깨를 두드리며 "지금도 잘하고 있어요", "엄마도 그렇게 컸어요"라는 말들로 위로하곤 한다.

얼마 전 만났던 민지 엄마도 마찬가지였다. 36세 나이에 대기업에서 직원 교육 관련 일을 하는 민지 엄마는 여섯 살, 세 살 두

딸을 모두 우리 어린이집에 등원시키고 있었다.

첫딸인 민지가 세 살 때부터 등원했으니 나와는 3년 이상 인연을 맺고 있는 셈이다. 워낙 똑 부러지는 성격에 결혼 전부터 경험을 단단히 다진 터라 일에서나 가정에서나 누가 봐도 탄탄한 여성이었다. 남편도 자상하고 집안일을 잘 도와주는 듯했고, 같은 직장에 근무하고 있어 경제적으로도 문제가 없어 보이지만 그것 역시 남 보기 나름인가 보다.

엄마로서의 그녀는 고민에 걱정에 불안감으로 가득했다.

상담의 시작은 민지 때문이었다. 최근 민지가 어린이집에 올 때마다 여섯 살인데도 안 하던 떼를 부리고 아침마다 등원 실랑이를 벌인다는 고민이었다.

늦게 퇴근하는 바람에 아이들에게 예고 없이 늦게 데리러 온 적이 있는데, 어린이집 아이들 모두 하원하고 깜깜할 때까지 엄마를 기다린 경험이 내내 불만이었던 모양이다. 하지만 회사에서 큰 프로젝트를 맡아 밤잠 설치는 민지 엄마로서도 아이들에게는 미안했지만 어쩔 수 없는 상황이었다.

"원장님, 야근을 안 하면 회사에서 '애 엄마는 어쩔 수 없다'란 소리 들을까 봐 더 걱정이면서 애들한테는 너무 미안해요."

그러니 회사에서도 안절부절, 집에 와서도 죄인 아닌 죄인이 됐으니 얼마나 속이 상할까.

차라리 일이라면 자신 있는데 육아는 왜 이렇게 어려운지 모르겠다며 또 눈물 바람이다. 벌써 둘째가 세 살인데도 말이다.

"아유, 힘들죠. 애 키우는 게 어디 쉬운 일인가요."

"저 진짜 원장님한테만 말하는 건데요. 애들이 떼쓰면 정말 갖다버리고 싶다는 마음도 들어요…."

민지 엄마처럼 워킹 맘들의 고충은 어린이집에서 흔히 볼 수 있는 일이다. 결혼과 출산이 후회되지는 않지만 한편으론 인생의 발목을 잡는 것 같은 이중적인 마음이다. 일이든 육아든 뭐든지 다 잘하고 싶은데 마음처럼 제 뜻대로 안 되니 속상하다. 여러 가지 마음이 꽈배기처럼 꼬여 있는 모양이었다.

검색할수록 꼬이는 나의 육아

흔들리고 자책하는 엄마 되기는 순식간이다. 사실 민지 엄마뿐만이 아니다. 요즘 부모들에게 자존심을 갉아먹는 숙제처럼 여겨지는 것이 육아다.

부모이기 이전에 결혼이나 출산보다는 좋은 학교, 공부, 이루고 싶은 꿈들이 더 우선순위였던 알파걸들이었다. 정보도 넘쳐나고 보고 듣는 것도 많아서 육아도 손쉬운 줄 알았지만 이게 웬걸. 막상 부모가 되고 나니 머리가 복잡하다.

내 경우와 딱 맞는 육아 정보는 검색이나 인터넷 정보로도 턱

없이 부족하다. 경우의 수도 많고 내 배 속으로 낳았지만 알다가도 모를 존재가 아이다. 때로는 내가 꿈꾸었던 미래, 내 일들에 방해만 되는 것 같다. 이깟 육아도 제대로 못 하는 자신의 모성을 의심하기도 하고, 난 나쁜 엄마인가 보다 자책하는 일만 많아진다. 주변에선 도움 좀 받으려고 속마음을 털어놓으면 이래저래 참견만 많다.

하나씩 일이 꼬일 때마다 스스로 한계를 느끼고 탓할 데를 찾다 보니 때로는 그래선 안 될 것 같지만 아이마저 인생의 방해물로 보일 때도 있다.

그래도 엄마란 직함이 있으니 이런 말조차 꺼내기 힘들어 속만 삭이다 물꼬가 트이고 나면 신세 한탄이 하염없이 나오기 마련이다. 바로 나, 어린이집 원장님과의 상담 같은 의외의 상황에서 말이다.

그럴 때마다 나는 엄마들이 느끼는 감정, 고민은 당연하다고 이야기해 준다. 세상에 능숙한 엄마는 없다. 평생 엄마가 직업인 나마저도 그렇다. 누군가의 딸, 형제, 친구로 살아오다 갑작스레 엄마가 되었으니 서투르고 어색할 수밖에 없다. 하지만 엄마가 처음이라 그렇다고 마냥 칭얼댈 수 없는 것이 현실이다.

숙제로 생각하는 알파걸 엄마들의 육아 현실

엄마가 되고 나서부터 왠지 모를 우울증의 연속이다. 산전 우울증, 산후 우울증, 육아 우울증 등등. 이 모두가 엄마라는 낯선 역할을 받은 것에서부터 시작된다.

과연 모성이란 게 타고나는 걸까? 고민도 해보고 질문도 해봐도 답을 찾지 못한다.

모성은 성숙해지는 것이지, 애초에 완성본을 가지고 있는 건 아니다. 민지 엄마뿐만 아니라 많은 엄마가 아이를 혼내고 속상한 마음에 항상 되묻곤 하는 말이 있다.

"나는 나쁜 엄마일까요?"

세상에 좋은 엄마, 나쁜 엄마가 어디 있을까. 걱정하지 않아도 된다. 엄마는 그냥 엄마일 뿐이다. 단지 경험으로 능숙함의 정도에 시간 차이만 있을 뿐이다.

특히 민지 엄마처럼 자아도 강하고 똑똑한 엄마들이 자주 저지르는 실수가 하나 있다. 육아를 공부하듯이 한다는 점이다. 엄마가 되기 이전 학교에 다니고 직장을 다닐 때처럼 공부만이 답이라 믿기 때문이다.

육아서나 인터넷 검색으로 다양한 정보를 구한다. 맘 카페나 주변 지인들에게 조언을 구하고 족집게 과외도 시도해 본다. 없는 시간 쪼개서 SNS도 기웃거려보고, 동영상도 찾아보지만 육아는 내가 노력한 만큼 성적이 나오던 공부와는 전혀 다르다.

공부해도 안 되고, 노력해도 안 되니 혼란스럽다. 이리 흔들리고 저리 흔들리고 육아의 '정답 찾아 삼만 리'를 떠나는 기분이다. 하지만 부모들이 꼭 알아야 할 하나는 아이들은 정답을 가지고 태어나지 않는다는 사실이다.

가장 좋은 육아 교재는 '기다림'이다

엄마들이 쉽게 간과하는 것이 있다. 육아에서 예습만 하고 복습을 하지 않는다는 것이다. 육아도 예습을? 육아도 복습을? 웬 뚱딴지같은 소리냐고 할 수 있지만, 가만히 생각해 보자.

"오늘 아침 엄마가 머리도 못 묶어주고 어린이집 갔는데 민지 기분이 어땠어?"

"선생님이 묶어준 오늘 머리 스타일은 어때?"

"오늘 엄마가 늦잠 자서 아침에 바빴는데, 민지가 이해해 줘서 고마워."

"엄마는 글쎄 회사에서 오늘 과장님 때문에 속상했는데 너희들 잘 노는 모습 보니깐 기분 좋아졌어."

퇴근 후 혹은 아이와 하루를 마무리하면서 이런 대화를 나누는 것, 이런 것이 육아 복습이다. 이런 복습을 하는 데 1분도 안 걸리지만, 이 시간이야말로 평생 안고 갈 수도 있는 마음의 벽을 허무는 마법의 시간이다. 머리도 못 묶어 보낸 딸에게 종일 미안했던 엄마도 미안함이 해결되고 아이는 엄마를 이해하게 되는 시간이다.

아이들은 말이나 행동으로 성장을 보여준다. 이것이 그들의 과업이자 미래다. 아이들의 성장만으로도 부모가 만족과 보상을 받으면 복습을 잘한 것이다. 복습의 결과로 육아의 만족도 점수도 올라가고 덩달아 엄마의 자존감도 올라간다.

그럼 그 복습의 기회를 놓치고 예습만 하는 상황은 어떤 것일까. 지금에 집중하지 않는 건 물론이고, 다음 일만 계속 계획하고 생각하는 것이다.

주변의 다른 아이들은 무얼 하나 인터넷을 뒤지고, 맘 카페를 들여다보고, 좀 더 강한 교재를 찾고, 여기저기 기웃거리는 것을 더 중요하게 여기는 예습만 반복하니 문제가 생긴다.

당장 자신의 처지나 육아의 어려움만 토하기 바쁘다. 앞을 예측할 수 없으니 남의 소리에만 귀 기울이다가 헛다리 짚기를 반복한다. 내 아이 성장이 불안하고 혼란스럽다.

육아가 숙제든 과업이든 앞서서 답만 찾고 예습만 하려 하면 엄마의 자존감만 갉아먹고 자신감도 떨어진다. 아이가 차근차근 성장해 가듯 엄마도 그 시간만큼 조금씩 성장해 간다.

민지 엄마에게 내가 준 마지막 조언은 기다림에 관한 것이었다.

"아이들 아무 문제없어요. 믿고 기다리세요. 민지 엄마도 지금 아주 멋지게 잘하고 있어요."

자세히 보아야 예쁘다

3월, 다섯 살 강현이를 처음 만났다. 다섯 살이라고는 하지만 12월 31일에 태어났고, 아이가 성질이 급했는지 두 달이나 먼저 세상 구경을 했기에 겨우 40개월 정도 지난 때였다. 하루 차이로 다섯 살 반에서 생활하게 된 강현이는 모든 것이 서툴렀다.

밥 먹다가 안 먹겠다고 드러눕기 선수요, 놀잇감 집어 던지고 마음대로 안 되면 복도로 뛰어나와 목이 터져라 울고, 하루라도 강현이에게 안 맞고 가는 친구가 없고, 급기야 강현이가 때려서 어린이집 안 가겠다고 등원 거부하는 아이가 생기는 상황까지 발생했다. 툭하면 교실 밖으로 뛰어나와 엉엉 우는 강현이의 마음을 달래주려 하다가 원장인 나도 주먹으로 얻어맞기 일쑤였다.

강현이 엄마는 이런 아들 때문에 매일 마음을 졸이셨다. 날마다 선생님께, 반 친구들에게 모든 게 미안하다며 사과하고 또 사과하셨다. 그럴 때마다 오히려 선생님들은 엄마를 더 위로해 드렸다. 이런 강현이의 모습을 보면서 나태주 님의 '풀꽃'이란 시가 생각났다.

자세히 봐야 예쁘다

오래 보아야 사랑스럽다

너도 그렇다.

나태주 시인이 초등학교 교장으로 재직하던 시절, 아이들이 풀꽃 그리는 모습을 자세히 지켜보니 너무 사랑스럽고 아름답게 보여 그 모습을 담아낸 시다.

나는 강현이를 자세히 보았다. 언제 우는지, 왜 우는지, 왜 때리는지, 왜 교실 밖으로 뛰어나오는지, 누구를 주로 때리는지. 직접 보지 못한 것들은 담임 선생님께 물어보며 강현이와 함께했다.

반대로도 보았다. 언제 웃는지, 왜 웃는지, 누구랑 사이좋게 노는지, 무엇을 잘 먹는지, 언제 기분이 좋은지. 내가 미운 모습만 찾고 아이를 밉다고 하고 관심을 안 두면 다른 선생님들도 선입견에 가려져 강현이의 예쁜 모습을 놓칠까 봐 예쁜 모습을 입에 침이 마르도록 칭찬을 하면서 자세히 보았다. 그랬더니 '왜?'의 의문이 풀리고 '아하, 그렇구나!'로 무릎을 '탁' 치게 되었다.

또 오래 보았다. 그랬더니 정말 사랑스러웠다. 잠들기 전에는 등도 긁어 달라고 하고, 교실에서 아이들을 돌아가며 너무 때려서 가방 들고 다시 집으로 가라고 협박 아닌 협박을 하자 집에 안 가겠다고 문을 부여잡고 엉엉 우는 모습도, 드러누워 밥 먹다 원장 선생님이 나타나면 벌떡 일어나 빈 숟가락으로 먹는 척도 하고, 거꾸로 가위 들고 종이 자르다 안 잘리면 휙 찢어버리는 모습조차도, 엉덩이 들어올리고 엎드려 낮잠 자는 모습도, 놀잇감 정리 안 하면서 떼 부릴 때도, 모든 일상 하나하나가 정말정말 사랑스러웠다.

강현이는 선생님들이 믿고 기다려주는 것에 보답이라도 하듯 여름이 지나고 초가을로 접어들자 서서히 변하는 모습이 보였다. 강현이는 꽃처럼 오래 보고, 자세히 보니 정말 예뻤다.

다비드 칼리의 동화 《나는 기다립니다…》는 나의 기다림으로부터 시작해서 나의 기다림으로 이야기를 마친다.

> 나는 기다립니다.
> 어서 키가 크기를, 잠들기 전 나에게 와서 뽀뽀해 주기를, 케이크가 다 구워지기를, 비가 그치기를, 크리스마스가 오기를
> 나는 기다립니다.
> 사랑을, 영화가 시작되기를, 그 사람과 다시 만나기를,
> 나는 기다립니다.
> 역장의 신호를, 전쟁이 끝나기를, 한 통의 편지를, "좋아요"라는 그 사람의 대답을…

나는 기다립니다.

우리 아기를, 곧 태어날 아기와의 만남을, 아이들이 자라기를, 휴가를, "미안해"라는 한마디를…

나는 기다립니다.

아이들의 안부 전화를, "괜찮습니다"라는 의사의 말을, 이 사람이 이제는 아프지 않기를, 다시 봄이 오기를…

나는 기다립니다.

초인종이 울리기를, 아이들이 나를 보러 오기를, 새 식구가 될 아기를

나는 기다립니다.

평생 우리의 삶은 기다림으로 시작해 기다림으로 마친다는 내용을 담은, 가슴이 먹먹해지는 동화다. 그 기다림이 힘든 것만은 아니다. 기다림 안에는 '설렘'이 꼭꼭 숨어 있다.

강현이의 변화를 기다리면서 어느 날은 설레기도 했다. 모든 아이의 모습도 강현이처럼 그렇다.

자세히 보고 오래 보는 일이 힘들지만, 힘든 것에 집중하기보다는 예쁜 모습으로 변할 기대감과 설렘으로 기다리다 보면 반드시 예쁘게 보이고 아이는 예뻐진다. 그 설렘을 찾는 부지런함에서 즐거운 육아가 찾아온다. 엄마는 설레며 기다려서 아이를 만났듯, 자라는 것을 기다려주자.

육아의 가장 좋은 교재는 '기다림'이다.

TIP 기다림이 힘들다면 이렇게 해보세요.

1. 기준 정하기

이랬다저랬다 하는 내 마음에 기준이 있다면 좀 수월해집니다.

2. 현재의 엄마 마음 들여다보기

내 마음이 뾰족하면 같은 상황이라도 아이는 뾰족하게 보입니다. 엄마 마음은 그릇이고 아이는 물입니다. 둥근 그릇 속 물과 네모 그릇 속 물의 모양은 다릅니다.

3. 반대로 생각하기

너무 부정적인 감정이 가득 차 있을 때 반대로 생각해 보면 긍정적인 면이 보입니다.

4. 다시 기준 정하기

처음에 세운 기준에 보완할 점이 있다면 다시 기준을 정해 보는 것도 좋은 방법입니다.

엄마를 위한 동화 13

《엄마 왜 안 와》

고정순 글·그림
웅진주니어

파프리카, 당근도 어렵지 않아요

7인 7색

어린이집 간식은 오전에는 죽과 과일로 구성되고, 오후에는 자연식품을 찌거나 구운 걸 제공한다. 몸에 좋은 음식이지만 맛은 없어서인지 아이들이 별로 좋아하지 않는 메뉴이다.

단호박이 간식으로 나오는 날이면 어김없이 거의 다 주방으로 되돌아 나온다. 좋아하는 아이도 있지만 유독 네 살 반은 한 명 빼고 여섯 명은 모두 싫어한다. 아이러니한 것은 찐 단호박과 식감이 비슷한 찐 고구마는 잘 먹으면서 단호박은 싫어하고 아예 쳐다보지도 않는다. 이에 속상한 조리사님은 잘 먹이려고 계속 연구 중이지만 허사다.

간식 시간에 아이들이 어찌 먹나 보려고 네 살 반 교실로 들어갔다. 단호박을 먹이려고 우유도 아이들이 좋아하는 딸기 우유로 정성스레 준비한 조리사님이 아이들을 어르고 달래고 있었다. 교실 상황은 예상대로 어른들이 딸기 우유로 유혹을 했지만 아이들은 우유는 좋고, 단호박은 싫단다. 진짜 아이들 모습이 단호박이다. (단호박-'단호하다'라는 말의 SNS상에서 은어)

자기 앞에 단호박이 놓인 접시조차 밀어버리고 뒤돌아 앉아 확실히 싫다는 표현을 하는 승우, 단호박 접시를 앞에 놓은 것까지는 용납하지만 보기 싫어 고개를 옆으로 돌려 단호박과 눈 마주칠까 걱정하고 있는 윤슬, 단호박 접시를 보는 것조차 기분이 안 좋아 인상 쓰고 있는 정윤, 그래도 단호박은 안 좋아하지만 먹을 수는 있다고 포크 들고 망설이는 채윤, 포크 들고 뚫어져라 단호박 한 번 보고 딸기 우유 한 번 보며 망설이는 수인, '싫어'를 외치지만 그래도 딸기 우유의 유혹이 더 큰 보상이라는 걸 알고 있는 우영, 낮잠에서 덜 깨서 아직 상황 파악을 못 하고 아이들을 둘러보고 있는 연우.

그 모습을 바라보고 있자니 눈물 나게 웃음이 나왔다. 담임 선생님, 조리사님과 나는 단호박 좀 먹이려고 필사적으로 행동을 개시했다.

단호박을 넘어서는 경험

가장 먼저 조금 관심을 보이는 우영이를 공략했다.

담임: 우영아, 딸기 우유 먹고 싶지? 이거 한번 먹어봐!

우영: 시여~~

나와 조리사님: 와~~ 우리 우영이 대단해~! 대단해~! 쪼금만 먹고 달콤한 딸기 우유 먹자. 쪼금만 먹어봐, 한 번만 쪼금만, 아주 조금만….

이 말이 끝나기가 무섭게 담임 선생님은 포크에 단호박을 찍어 들고 우영이 입 앞에서 대기하고, 우영이 쪼금 떼어 입안에 넣는다. 그 찰나를 놓칠세라 선생님이 큰소리로 칭찬한다.

"와~~ 우영이 대박~ 잘했어! 얼른 딸기 우유 먹어."

얼떨결에 단호박을 삼키고 우유를 마신 우영이 모습에 탄력 받은 선생님이 한 번 더 먹이려고 또 포크를 입 앞에 대기 중이다. 딸기 우유의 달콤함을 알아버린 우리 우영이. 싫지만 단호박을 다시 한번 입에 덥석 물고 딸기 우유를 마신다. 그렇게 딸기 우유와 함께 단호박은 우영이 배 속으로 쏘옥~~~.

우영이 먹는 모습을 지켜보다가 가장 먼저 행동을 개시한 아이는 수인이다. 우리 수인이는 행동파다. 다시 자리를 고쳐 앉더니 스스로 포크를 들고 호박을 푹 찍어 자기 입에 가득 넣는다. 이 모습을 놓칠세라 우리 3인방은 박수와 함성과 함께 딸기 우유에 빨대를 꽂아 주니 엄청 흐뭇한 표정으로 남은 것마저 다 먹고 임무 완수한 듯 놀이하러 깔끔하게 자리를 뜬다.

수인이 모습을 본 아이 중 다음으로 누가 반응했을까?

정윤이다. 인상만 팍팍 쓰고 있던 정윤이가 말없이 스스로 입에 단호박을 넣는다. 또 박수와 함성과 함께 이번엔 보너스로 원장님이 춤까지 춰주자 쑥스러운지 웃어버린다.

단호박은 싫다면서 안 먹는다고 소리 지르며 자리를 뜬 승우는 어떤 반응을 보였을까? 분위기를 보니 뭔가 좋은 일이 있는 것 같은지 떠났던 자리로 돌아와 권하지도 않았는데 포크로 콕 찍어서 먹고 빨리 우유 달라고 재촉한다. 시원하게 원샷 하고 혀로 입술에 묻은 우유까지 싹 처리한다. 승우에게도 박수와 함성으로 칭찬해 주었다.

이런 모습에 굴하지 않고 채윤이는 아까부터 단호박 한 번, 달콤한 딸기 우유 홀짝홀짝~~. 분위기에 개의치 않고 자기 갈 길을 가고 있다. 채윤이 모습을 보고 칭찬과 또 박수와 함성.

"와~~~~~~"

마지막 난코스가 윤슬이다.

다른 아이들과 똑같이 포크로 호박을 찍어 윤슬이 입 앞에 대기 중이지만 거부를 심하게 한다. 다시 포크로 단호박을 더 작게 잘라 "윤슬아, 이거 쪼금만 먹어봐" 하지만 강하게 혀로 호박을 밀어낸다. 어라, 근데 밀어낼 때 혀끝에 스치는 단호박의 단맛을 봐 버렸다. 어째 좀 괜찮은 것 같은지 입을 벌린다. 드디어 윤슬이도 단호박을 먹고 딸기 우유까지 벌컥벌컥 마셨다.

역시나 박수와 함성.

우리가 이러고 있는 사이 단호박을 좋아하는 연우는 잠을 깨고 단호박과 달콤한 딸기 우유에 빠져 맛있게 먹고 있다. 그냥 잘 먹어서 연우에게도 박수와 함성.

"와~~~~~~"

연우는 우리 3인방이 하는 행동이 우스꽝스러운지 아니면 고마움의 표현인지 빙그레 웃어준다.

선생님들의 노력과 분위기에 이끌려 싫었지만 단호박을 맛봐 버린 일곱 천사는 단호박 먹는 것조차도 본래의 성향대로 표현하고 성향대로 반응했다.

아이들이 채소를 싫어하는 이유

아이들이 채소를 싫어하는 데는 과학적으로 이유가 있다. 우리 혀에는 맛을 느끼는 '맛봉오리'라 부르는 미뢰가 있다. 이 미뢰를 태어날 때 1만 개 정도였다가 나이 들수록 적어진다. 즉, 미뢰가 많은 아이들은 절대 미각을 가지고 있어 맛에 대해 민감하게 반응한다. 이 때문에 어른들은 느끼지 못하는 채소의 쓴맛까지도 아이들은 느낀다.

특히 초록색 채소에 쓴맛이 많다. 그래서 아이들은 초록색 채소 하면 쓴맛이라고 생각하고, 이 쓴맛이 싫어서 채소를 싫어한다고 한다. 어른들의 혀는 자극이 강한 음식을 수없이 많이 먹어왔기 때문에 무뎌져 있다.

아이들 식사 때나 간식 시간에 관찰하면 좋아하는 음식과 싫어하는 음식이 확연히 드러난다. 모든 음식을 좋아하는 아이들은 반에 한두 명 정도밖에 없고 단맛이 나는 음식이나 고기로 만든 음식, 면류를 보통 선호한다.

버섯, 시금치 등 나물류는 비선호 1순위다. 단호박도 아이들에게는 맛없다는 인식이 강한 재료다. 조리법에 익숙하지 않아 먹어본 경험도 없고, 식감도 미끈거려서 별로이면서 맛없는 것으로 생각하고 아예 먹으려고도 하지 않는다.

대부분의 아이들이 새로운 음식은 일단 심하게 거부한다. 그렇다고 먹이지 않을 수 없으니 조리법을 달리한다든지, 좋아하는 음식과 함께 제공해 보기도 하고, 먹지 않는 재료를 이용해 함께 요리 활동을 해보면 자기가 만든 음식이라고 잘 먹는 일도 있다.

이런 단호박에 대한 오해를 풀어주려고 딸기 우유로 유혹하고, 다른 아이들 먹는 모습 보여주며 동기 부여도 해주고, 음식에 대한 거부감을 해결해 주고, 얼떨결에 단호박의 단맛도 느끼도록 해주었다.

먹을 때마다 박수와 함성으로 이미 내 목은 칼칼했고, 짧은 간식 시간이었지만 하루의 에너지를 다 쓴 기분이었다. 즐겁게 간식 시간을 갖도록 노력하는 과정에서도 발견되는 아이들의 모습은 본연의 생김새대로 반응하기에 더 사랑스러웠다.

우리의 계획은 은밀하진 않았지만 짜릿했다. 단호박을 거부감 없이 먹을 수 있도록 해주고 싶은 마음이 아이들에게 통한 것 같아 고맙기까지 했다. 단호박을 넘어섰으니 이젠 당근, 파프리카도 어렵지 않을 것이다.

아이들이 잘 먹게 될 때까지 우린 기다려줄 것이다.

엄마를 위한 동화 14

《샤를의 기적》

알렉스 쿠소 글
필리프 앙리 튀랭 그림
조정훈 옮김
키즈엠

흔들릴 때 마음 처방전

증상	처방
1. 자꾸 남의 시선이 의식될 때 (남의 장단에 춤출 때)	아이 눈을 바라보며 집중하는 시간 만들기
2. 불안감이 밀려올 때	10분 타임(나만의 사색 시간) 갖기/대신할 무언가를 찾아보기
3. 어떻게 살아야 할지 막막하다면/미래가 걱정된다면	닮고 싶은 롤 모델 정하기
4. 아이 꿈이 내 꿈이 되었다면	미래의 나의 꿈 만들기
5. 아이의 생각이 알고 싶을 때	동화책을 읽고 토론해 보기(아이 생각 끌어내기)/놀이 함께하기
6. 아이와 관계를 좋게 하고 싶을 때	내 모습을 먼저 관찰하기
7. 속이 끓어 잔소리만 했을 때	내가 한 말을 적어보기/녹음해 보기
8. 내 마음이 갈팡질팡 자꾸 흔들릴 때	책 보기, 영화 보기, 음악 듣기, 산책하기
9. 내가 지질하게 느껴질 때/내가 너무 작아질 때	소소한 것이라도 스스로 칭찬해 보기
10. 아이가 흥미 없어 할 때	아이에게 선택권 주기

11. 아이와 함께 성장하고 싶을 때	아이와 함께하는 취미 활동 만들기(공동의 추억 쌓기) 캠핑, 집콕 놀이, 여행, 요리, 만들기, 자전거 타기, 운동, 도서관 가기, 쇼핑, 악기 다루기, 영화 보기 등
12. SNS 속 친구들 모습이 부러울 때	우리 가족만의 의식 만들기
13. 가족의 따뜻함을 알려주고 싶을 때	함께 밥을 먹는 시간 만들기(매일 저녁/일주일에 두 번/일주일에 한 번)
14. 내 새끼가 제일 못나 보일 때	학부모 공개 수업에 참여해 보기
15. 집안일로 에너지가 방전될 때	스스로 할 수 없는 일이 무엇인지 찾아보기/서포터(가족이나 도우미)에게 도움 청하기

PART 3

멋진 엄마 노릇: 아이의 숨은 역량 키우기

그냥 앎이 생길 수 있도록 경험을 추가해 주는 것이 어른의 몫이다.

이때 아이의 몫은 건드리지만 않으면 된다.

육아의 종착점은 어디일까요?

언제쯤 애 키우기가 수월해지나요?

"원장님, 언제쯤 애 키우기가 수월해지나요?"
"저는 아들이 군대 갔다 와도 힘들더라고요."
"으악~~ 정말이에요? 어떡해~!"

예상치 못한 내 대답에 질문한 시훈 엄마의 당황한 듯한 마음의 소리가 지금도 들리는 듯하다. 충분히 이해한다. 여섯 살, 다섯 살 천둥벌거숭이 같은 남자아이 연년생을 키우는 엄마 마음의 소리가 비명으로 터져 나왔다.

아들 둘 키워본 나도 그 마음을 알기에 안쓰럽고 장난기 섞어 말하는 시훈 엄마의 모습이 사랑스럽기까지 했다. 비단 남자아이 둘 키우는 엄마의 비명만은 아닐 것이다. 여자아이든 외동이든 간에 아이들과 함께하는 것이 힘들지 않다면 거짓말이다.

아이와 함께하면서 누구는 다섯 살이 고비고, 누구는 일곱 살만 지나면 괜찮아진다고 다들 자기 식대로, 경험대로 조언한다. 하지만 내 경험상 성장의 굽이마다 고비가 아닌 적이 없었다. 유아기의 끝처럼 보이는 일곱 살이 육아의 종착점인 줄 알고 숨 좀 돌리려나 싶었는데, 초등학교 들어가서는 초등학생만큼 까칠하고, 사춘기를 맞으면서는 또 사춘기만큼의 삐딱 선을 타는 고비가 찾아왔다.

"군대 다녀오면 사람 된다"라고 말하는 사람들의 말을 철석같이 믿었다. 그 말은 제대 후 딱 한 달만 유효했다. 한 달이 지나니 고놈의 지랄은 회복력도 강해 군대 가기 전 상태 고대로 돌아왔다. 눈에서 멀어지면 마음에서 멀어질 것 같지만, 요즘은 군대 가도 한 달에 한두 번은 외박, 외출 휴가를 나오니 눈에서 멀어질 틈도 없어 서로 애틋하다고 할 시간조차 허락지 않는다. 머리 빡빡 깎고 훈련소 들어가기 전날 밤이 가장 애틋한 시간이었다.

군대 다녀오는 것이 그냥 어디 해외여행을 자주 다녀오는 것 같았다. 그러니 스물아홉과 스물여섯 살 두 녀석과 지나오면서 부모로서 긴장의 끈을 늦춰본 적이 없는 듯했다.

하지만 아이들 관점에서 돌이켜보면 그렇게 힘들게 했던 아이들도 성장통을 앓는 중이었다. 어쩌면 엄마보다 더 힘든 시간과 사투를 벌인다고 해도 과언이 아닐 것이다.

태어나면서부터 돌까지는 몸이 가장 많이 성장하는 단계이고 유아기에는 신체적 정신적 성장이 급격하게 일어나는 시기다. 12개월에서 24개월까지는 이동이 자유로워지면서 자기 몸 균형 맞추는 데 집중하느라 여기저기 깨지고 터지고 쏟고 엎지르기 망가트리고를 반복하며 엄마 몸을 힘들게 한다.

24개월에서 36개월 사이는 세상 뭘 좀 안다고 떼쓰고 자기 맘대로 하려고 하며, 심술부리고 집안의 대장 노릇을 한다. 이때는 '싫어'라는 말이 가장 강력한 무기다. 또 손바닥으로 하늘을 가릴 수 있다고 생각하는 이들이다 보니 같은 상황에서도 자기한테 유리한 것은 수용하지만 불리할 것 같으면 떼를 쓴다.

36개월에서 48개월쯤 되면 말귀도 좀 알아듣고 타협도 쪼금씩 할 수 있게 된다. 상황에 따라 상대의 감정 상태를 이해하기도 하고 언어로 자기표현을 거의 할 수 있게 되면서 거짓말과 고자질도 한다. 자기의 감정을 언어로 말할 수 있게 되면서 엄마와는 말싸움과 본격적인 감정싸움이 시작되고 말로 문제를 해결하려 한다. 그래도 자기 마음을 알아달라는 징징거림은 가시지 않는다.

48~60개월의 여섯 살은 친구 간에 우정을 쌓고, 또래와의 관계

를 중요시하는 사회성이 가장 많이 발달하기도 하고 마음도 가장 활발히 성장하는 시기다. 계절을 이해하고, 은유적 표현의 맥락을 유추할 수 있고, 왼쪽 오른쪽에 대해 이해할 수 있다. 거짓말을 하기도 하지만 남의 마음을 잘 이해하기도 한다. 초보 문식성 단계로 읽기와 쓰기에 관심을 가지고 생활 속에서도 읽고 쓰는 것에 관한 질문이 많아진다.

60개월에서 72개월 사이는 유아기의 끝을 향한다. 제법 논리력도 생기고 거짓말로 감쪽같이 엄마를 속이기도 한다.

거의 모든 어른도 위와 같은 성장통을 다 앓으며 성장했다. 다만 기억을 하지 못할 뿐이다. 아이들이 겪는 이런 어려움은 아이들의 성장 과정에 꼭 필요한 것이다. 그렇다면 유아기가 끝나면 모든 어려움이 없어질까? 초등학생 시기에는 성장을 위해 어떤 일들이 벌어질까? 중학교에 가면 좀 더 철들고 나아질까?

육아의 종착점을 물어 온 시훈이 엄마에게 해준 나의 대답은 이렇다.

"육아는 내가 세상을 마칠 때까지입니다. 그러니 컨디션 조절을 잘하면서 가르치기보다는 도와주고, 서두르기보다는 기다려주는 엄마가 되겠다는 마음가짐이 가장 중요해요."

멋진 엄마 되기는 참 쉽기도 하고 참 어렵기도 하다.

우리는 한 팀

난 다섯 살, 여섯 살 남자아이를 키우는 엄마 질문에 그렇게밖에 말할 수 없었다. 놀라는 두 아이의 엄마와 나는 서로 얼굴을 바라보며 한참을 서서 웃었다. 그 엄마도 마냥 힘든 표정만은 아니었다.

귀여운 녀석들과 지지고 볶으며 성장하는 모습을 놓치고 싶지 않지만 누구에게든 투정이라도 부리고 싶은, 그냥 일상에서 마주치는 평범한 엄마의 모습이었다. 두 녀석은 웃는 우릴 빤히 바라보며 왜 웃고 있는지 의아해하고 있었다.

휴대전화기 속 가족사진을 보다가 아들과 유학 중일 때의 일이 떠올랐다. "엄마도 할 수 있다"라는 아들의 격려에 호주로 떠나는 것에 용기 냈다. 수없이 많은 여행을 해봤으나 단 한 번도 혼자 간 적이 없어 호주까지 혼자 가려면 정신을 바짝 차려야만 했다.

먼저 간 아이는 공항의 동선을 일일이 사진 찍어 엄마가 혹시 길을 잃을까 걱정하는 마음까지 담아 전송해 주었다. 덕분에 안전하게 호주 골드코스트 공항에 도착했다. 마중 나온 아이와 공항에서 진한 커피와 함께 첫 끼로 먹은 브런치는 황홀한 맛이었다.

엄마가 불편해할까 봐 집도 미리 렌트해 놓고 신경 쓰는 아들의 모습이 듬직했다. 엄마가 다닐 학교에 함께 가서 영어가 부족한 엄마 대신 인터뷰도 해주고, 수업 시간표며 행사 계획이며 모든 것을 챙겨주는 완벽한 보호자의 모습이었다.

아들이 아니고 남편 처음 만났을 때의 든든함까지 묻어나 설레기까지 했다. 트램은 어떻게 타고 어디서 갈아타고, 학생증은 어떻게 해야 하고 별별 걸 다 몰라 눈만 껌벅거리는 엄마에게 별별 걸 다 설명해 주었다.

나는 영어가 부족해 하루 종일 영어 공부에 몰두했다. 정말 힘들었다. 인터넷 속도는 거북이보다 더 느린 나무늘보 속도였다. 하지만 그런 내 노력은 나를 배신했다. 그날 배운 것들과 외운 단어들은 그날 다 까먹었다. 내 머릿속에서 무슨 일이 일어나고 있는지 나도 진짜 궁금했다. 외출할 땐 길거리에 널려 있는 낯선 간판도 애써 읽어보고, 마트에선 구글 앱도 돌려 보고, '렛 잇 고'를 외치는 디즈니 공주들도 유튜브로 만났었다.

이런 내 모습이 둘째 녀석 한글 깨우칠 때의 데자뷔처럼 느껴졌다. 글씨는 모르지만 당당히 초등학교에 입학한 아이는 글을 읽는 데는 관심도 없었다. 글을 몰라도 아무 걱정 없이 편안하고 즐겁게 학교에 다녔다. 그러던 어느 날, 학교에서 씩씩거리며 집에 왔다.

"엄마, 나 공부 좀 갈켜(가르쳐)줘요, 글씨 공부! 성생밈이(선생님이) 나 글씨 못 읽는다고 꿀밤을 아주아주 세게 때렸어. 그래서 친구들이 다 웃었어요."

이때부터 아이는 거리의 간판을 보면 뭐라고 쓰여 있냐고 시도 때도 없이 내게 물었다. 그때마다 친절하게 알려줬다. 덕분에 그 어렵다는 한글을 매우 빠르게 한 달 만에 완벽히 깨쳤다.

16년 후…. 그 아이와 나는 상황이 바뀌었다. 거리의 간판을 보며 나는 아이에게 묻고, 아이는 내게 친절하게 답해 주었다. 책 속의 내용이 이해가 안 될 때 물으면 아이는 또 친절하게 가르쳐주었다. 이런 엄마가 안쓰러워 보였는지 엄마가 타이핑해 놓은 과제를 들여다보고 틀린 철자를 살며시 고쳐 놓기도 했다.

아이는 태어나면서부터 나와 늘 함께해 왔다. 세상 온갖 떼를 다 부리던 어린 시절과 사춘기의 고단한 방황도 지나고 지금까지 아이와 함께했다.

이런 시간을 지나오면서 늘 두렵기만 했었다. 하지만 기우였다. 아이는 항상 그 자리에서 성장하고 있는 동안 엄마 혼자 아이를 판단하며 힘들어했다. 나와 아이는 배 속에서부터 한 팀이었다는 사실을 잊고 지낸 것이다.

서로 성장하는 방법은 다르지만, 의지하고 격려해 주며 용기도 주는 우리는 한 팀이다. 기다리고 또 기다리며 아이와 함께하다 보니 아이가 어릴 땐 내가 보살폈다면, 이제는 아이가 나를 보살피는 듯 우린 한 팀이었다. 앞으로도 한 팀이다.

육아는 아이와 함께하는 여행이다

지금부터 머릿속으로만 3박 4일 동안 제주 여행을 준비하고 떠나보자. 일단 여행 전 생각부터 정리하며 계획을 시작할 것이다. 물론 계획 없이 떠나는 여행도 있지만, 그 안에서도 막상 닥치는 일에 자잘하게 계획은 이루어진다.

하던 일은 어떻게 할 것인가. 누구랑 언제 갈 것인가. 여행의 목적은 휴식인가, 힐링인가, 효도 여행인가, 가족 여행인가. 예산은 어떻게 마련할 것인가. 비행기를 타고 갈 것인가 배를 탈 것인가. 숙소 예약, 일정 등을 계획하는 데 오래 공을 들여야 할 때도 있다.

복잡한 계획들이 끝나면 짐 꾸리는 데도 고민이 많아진다. 이 모든 것은 체크하고 준비하면서 앞으로의 펼쳐질 여행에 대한 기대와 설렘이 가득하다.

모든 것이 순조롭게 진행되었다고 해도 들뜬 마음으로 여행지에 도착하면 좋은 일만 있을 수 없다. 자연이 하는 일이니, 상황은 언제 어디서든 변할 수 있다. 날씨가 변덕을 부릴 수도 있고, 내 몸이 따라주지 않을 수도 있고, 준비물을 챙겨 가지 않아 곤란한 상황도 발생하고, 음식이 맞지 않아 탈이 날 수도 있다.

출발지에 따라 여행의 방향도 다르다.

여행에서는 즐거움도 있지만, 고비도 마주한다. 하지만 그때그

때 맞닥트린 자잘한 고비들을 풀숲을 헤쳐 나가듯 해결하면서 여행을 즐긴다. 여행을 마치면 피곤함이 몰려오지만, 여행을 떠올리며 입가에 미소를 짓는다.

'이번 여행 참 좋았다.'

아이들과 함께한다는 것은 멀고 긴 세상 여행이다. 내 아이의 자녀들까지 생각하며 아직 오지 않은 먼 시간까지 꿈꾸게 되는 행복한 여행이다.

아이들의 성장 과정에도 여행처럼 시도 때도 없이 고비가 찾아온다. 몸과 마음이 힘들어 지쳐 쓰러질 때도 있고, 참다가 폭발하는 일들도 다반사로 생긴다.

하지만 여행을 함께하는 마음이면 이런 고비쯤은 가볍게 지나가는 두통 정도에 비할 수 있다. 세상의 가장 큰 행복은 내 아이와 함께하는 육아 여행인 것을 부모 된 이들은 모두 알 것이다.

칠 남매를 키운 친정엄마의 세상 여행은 일곱 자식과 함께였고 세상살이에 지치고 힘든 고비에는 일곱 자식의 성장만으로도 기쁨을 찾으며 고비를 넘기셨을 것이다. 흔들릴 때마다 자식 때문에 중심을 잡으며 삶의 의미를 찾으며 사셨던 것 같다. 억척스레 우리의 성장 과정과 함께했던 엄마는 항상 말씀하셨다.

"내 새끼들은 클 때 힘들게 하는 놈 하나도 없이 다 순하고 공부도 잘하고 예쁘게 컸어."

과연 우리 칠 남매가 그랬을까?

우리가 어떤 말썽을 피우고 어떻게 컸는지 다 기억하는데도 엄마는 그저 힘들게 안 했고 순하고 공부도 잘하고 예뻤다고만 기억하셨다.

자식은 떠나보내는 존재가 아니다. 자식의 몸은 떠나도 마음은 그 끈을 놓지 못한다. 그렇다고 품에 품고 사는 존재도 아니다.

아이 일생을 품고 살기에는 부모의 품은 너무 작다. 자녀들을 세상 품으로 내어주고 힘들고 지칠 땐 언제든지 돌아와 쉴 수 있는 부모 됨의 품만 내어주면 된다.

그래서 난 지금도 육아 여행 중인 평생 엄마다. 나의 육아 여행은 엄마 역할을 마치는 날까지 계속된다. 육아의 종착점은 내가 세상살이 여행을 마치는 날까지다.

엄마를 위한 동화 15

《검피 아저씨의 뱃놀이》

존 버닝햄 글·그림
이주령 옮김
시공주니어

줏대 있는 아이들

엄마를 부르며 애가 타던 세 살

세 살 반 교실에는 어른들의 손발을 오그라들게 만드는 마술을 부리는 다섯 명의 아이가 생활한다. 부모 품을 떨어져 첫 사회생활을 시작한 반이다.

담임 선생님이 화장실이라도 갈라치면 교실에 다른 선생님이 계셔도 눈길 한번 안 주고 어미 꽁무니를 좇아가는 새끼 오리처럼 화장실까지 좇아간다. 집에서처럼 문을 열고 볼일을 볼 수 없으니 문을 닫으면 화장실 문 앞에서 선생님이 볼일을 다 보고 나올 때까지 기다린다. 다섯 명 중 세 명 이상은 화장실 문이 열리기만 '뚫어져라' 바라보고 울어대는데, 너무 우는 아이가 있으면 선생님이 안고서 화장실 안까지 함께 들어가기도 한다.

이랬던 아이들이, 엄마 떨어질 땐 절대 그치지 않을 기세로 울어대던 아이들이 두서너 달 정도 지나면 나름의 놀이 패턴을 찾아간다. 교실 안 일상이 편안해진다. 식사 후 양치를 하고, 기저귀 갈고, 이불을 깔면 자기 이불을 찾아가 스스로 눕기도 하며 자기만의 생활 방식을 찾아간다. 자리에 누운 아이들에게 안정감을 주기 위해 벽에 붙여 놓았던 엄마 아빠의 사진을 들려주고, 교실 커튼을 내리고 조용하고 편안한 음악 소리를 들려주면 하나둘 꿈나라로 간다.

세 살의 줏대는 자기가 믿을 만하다고 느껴 첫 정을 준 사람만 좋아하고, 맘에 드는 사람이 확고하게 정해져 있다. 단, 맘에 드는 순서는 선생님 미모와는 상관없다.

말을 못 하니 자기의 감정 표현을 행동으로 한다. 친구를 꼬집고, 때리고, 물고 그러다 억울하면 울고 드러눕는다. 원하는 것이 있으면 이뤄질 때까지 울고 떼쓰는 게 가장 세 살다운 모습이다.

세상의 세 살은 모두 다 그렇다. 강도가 다를 뿐이다.

왜 승우에게만 약을 안 줄까요?

일곱 명이 생활하는 네 살 반 교실에서도 날마다 기막히게 재미있는 일이 일어난다.

어느 봄날, 공교롭게도 이날은 꽃가루 때문에 콧물을 흘리는 아이도 있고, 피부 두드러기가 올라온 아이도 있고… 어쨌든 일곱 명 중 여섯 명이나 약병을 들고 왔다. 점심 식사 후 네 살 반 교실에서 울음소리가 들려 살그머니 가보니 담임 선생님이 승우와 실랑이를 벌이면서 설득 중이었다. 나를 보자마자 선생님은 웃음을 참지 못하고 깔깔거리며 승우 이야기를 들려주었다. 승우가 친구들은 다 약을 먹었는데 왜 나는 안 주느냐며 떼를 쓴다는 것이다.

전지적 승우 시점에선 몹시 억울하고 담임 선생님 입장에서는 정말 난처하다. 왜 선생님은 여섯 명의 다른 아이들에게는 약을 주면서 나한테만 약을 안 줄까? 그 어렵다는 순서까지 지키며 끝까지 기다렸는데 나에게만 약을 안 주는 것이 이해가 안 될 따름이다.

승우가 할 수 있는 일은 울면서 약을 줄 때까지 항의하는 것뿐이었다. 선생님이 이해를 시켜보려 하지만 역부족이다. 승우에게 지금 가장 중요한 것은 선생님 말씀이 아니다. 그래서 내린 처방은 맹물 약이었다. 교실에 있는 빈 약병을 이용해 물을 넣어서 승우 입에 짜주니 맛있게 먹고 그제야 웃으며 자리를 떠나 놀이에 합류했다.

일곱 명의 아이 중 몇 명은 약을 먹고 몇 명은 안 먹었다면 승우도 이해했을 것이다. 근데 여섯 명은 다 약을 먹었는데 나한테만 약을 안 준다? 이건 승우 사전에 있을 수 없는 일이다. 왜냐하면 네 살이니까.

네 살의 줏대란 이런 것이다. 듣고 싶은 것만 듣고, 하고 싶은 것만 하고, 먹고 싶은 것만 먹는다.

전단지 한 장으로 시작된 큰 놀이

출근하려 현관문을 열자 무게감 있는 종이 한 장이 툭 떨어진다. 대형 마트 세일 전단지다. 몇 년 전만 해도 널린 게 전단지이고, 신문에 두툼히 끼워 오던 것이 어느 순간부터는 귀하디귀한 물건이 되었다. 내친 김에 옆집 것까지 주워 들고 출근을 했다. 이걸 아이들에게 건네면 무슨 놀이를 할지 궁금했고, 이제 막 가위질에 재미 들인 아이들이 많아서 더 재미있을 것 같아 발걸음을 재촉했다. 아이들에겐 전단지도 보물이 된다.

어린이집에 도착하자마자 아이들 앞에서 내가 가지고 온 보물을 펼쳤다. 역시나 신기한 식품과 물건 사진으로 가득한 전단지를 본 아이들은 눈빛을 반짝이며 관심을 보였다. 놀이에 앞서 아이들의 다툼을 방지하고, 지켜야 할 규칙을 알려줘야 하기에 담임선생님께 드리고 사무실로 들어왔다.

그날 오후 교실은 마트와 캠프장으로 변했다. 전단지 속 사진을 채소와 고기대로 오려서 상점을 차렸고, 종이로 만든 지갑 속에 돈도 들어 있고, 나름 역할 분담을 해서 놀이를 진행 중이었다. 좀 더 두꺼운 종이로 만든 장바구니엔 이미 사들인 물건들이 담겨 있다.

장을 본 아이들은 교실 속 캠프장으로 이동해 음식 조리할 준비를 하고 있다. 야영장 꾸미기는 또 다른 친구가 하고 있다. 바닥에 보자기와 돗자리를 깔고 의자를 몇 개 가져다 나름의 싱크대를 만들고 소꿉놀이 조리 도구를 세팅하고 있다. 훌륭한 캠프장의 모습을 갖추었다.

전단지 속 음식들을 오리는 팀, 장바구니와 돈을 만드는 팀, 오린 음식을 파는 팀, 장보기 팀, 야영장 꾸미는 팀, 다 함께 모여 조리하는 이 모든 과정이 작은 전단지 한 장이 놀이에 활활 타오르며 교실에서 세를 넓혀가고 있었다. 그저 전단지일 뿐인데 아이들은 보물 같은 중요한 놀이 재료로 사용하고 있었다.

전단지 한 장을 이용해 누구도 팀을 만들자고 하지는 않았지만 팀이 만들어지고, 서로 무엇을 할 것인지 의논을 하고, 무엇이 필요한지를 생각해 내고, 주변의 물건을 놀이에 이용하고, 그걸 하려면 나는 어떤 역할을 해야 하는지를 일의 순서를 정하고, 말없이 따라주는 아이도 있었다. 아이들의 놀이에 역할을 정해 주거나 방법을 정해 주지 않았다. 각자 잘하는 것들을 하며 작지만 서로 협동도 하며 놀이에 집중하고 있었다.

이 전단지 놀이에 관심이 없는 다른 한편에서는 각자 관심 영역에서 자기 놀이에 집중하고 있었다. 다섯 살 교실의 놀이 형태는 따로 놀이하다가도 함께 놀이로 이어지고 때론 관계없는 것으로 새로운 것을 창조해 가며 놀이의 맛을 한껏 알아가는 교실이다. 어른들은 버리는 전단지라도 아이들에겐 보물이고 놀이의 불쏘시개 역할을 한다.

놀잇감의 중요도는 아이들이 결정한다. 적어도 다섯 살은 그렇다.

이 국 매운 걸로 끓였어요?

여섯 살 반에서는 무슨 일이 일어날까? 점심시간이다. 예림이가 밥을 먹다가 국이 맵다며 입에 손부채질을 한다.

"예림아, 똑같은 국일 텐데 오늘은 왜 매워?"

"아니에요. 진짜 매워요."

입을 벌리고 손부채질은 더 바빠졌다.

다른 친구들에게도 물어봤다. 다들 안 맵다고 말하는데 그중 시완이는 맵다고 하지만 표정은 안 매운 얼굴이다.

나도 궁금했다. 예림이는 매운데 왜 안 맵다고 하는지 친구들 반응에 살짝 당황했다.

아이들 김치는 파프리카와 토마토케첩을 적절히 배합해 숙성시킨 소스로 담그기 때문에 빨갛긴 하지만 매운맛은 없다. 그 김치를 사용해 순두부국을 끓였다.

"예림아, 그럼 내가 조리사 선생님께 매운 걸로 끓였느냐고 물어볼게."

그러자 예림이가 나를 날카롭게 쳐다보더니 말했다.

"아녜요, 내가 직접 물어볼 거예요. 조리사 선생님 일로 오라고 해봐요."

"엥? 알았어. 조리사 선생님~~ 예림이가 잠깐 할 말 있대요. 일로 와보시래요~~."

조리사님도 예림이의 호출에 깔깔거리며 오셨다.

예림이는 날카롭고 약간 항의하는 듯한 질문을 했다.

"이 국 매운 걸로 끓였어요?"

"아니, 안 매운 김치로 끓였는데 오늘은 매웠어?"

"네."

"그럼 다음엔 더 안 맵고 맛있게 끓여 줄게."

"네."

그 후 예림이는 순두붓국 한 그릇을 다 먹었다. 원래 뭐든 다 잘 먹는 예림이다.

밥 먹으며 조리사님까지 호출하는 예림이의 모습에 절로 웃음이 나왔다. 네 살 때 울며불며 생떼를 부리고 친구들 얼굴을 사정없이 꼬집던 예림이가, 매운 순두붓국이 왜 매운지를 알고 싶어 자기표현을 당당히 하는 여섯 살로 자란 모습이 흐뭇했다.

참 미스터리다. 그날따라 예림이 순두붓국이 왜 매웠는지 아무도 알 수 없다.

미운 일곱 살? 경이로운 일곱 살!

세 살은 엄마와 떨어지기 힘들어 울기도 했지만 그냥 그 모습으로, 네 살은 말도 안 되는 적당한 떼를 쓰며 자기 몫을 챙기고, 다섯 살은 어눌하지만 옆 친구와 배려도 하고 협동 놀이도 하면서, 여섯 살은 어설퍼도 내 주장을 당당히 하며, 일곱 살은 내 생각을 확실히 이야기할 수 있는 아이면 된다.

아이들 방학 중 새해를 맞이했다. 한 살 더 먹었다고 자신을 대견해하는 아이들을 생각하며 서점으로 달려갔다. 읽어주고 싶은 책을 찾기 위해서다. 이리저리 살피다 '바로, 이거다!' 싶은 책이 눈에 띄었다.

《진정한 일곱 살》. 일곱 살이 된 아이의 생각이 고스란히 녹아 있는 재미있는 그림책이다. 책장을 넘길 때마다 우리 어린이집 아이들 얼굴이 떠올랐다. 그리고 무릎을 치며 웃음이 나왔다. '어쩜, 이런 생각을 할까? 우리 아이들은 일곱 살에 대해 어떻게 받아들일까?' 아이들의 생각이 궁금해졌다.

흔히들 일곱 살을 '미운 일곱 살'이라고 한다. '밉다'라는 말 속에는 부모의 입장이 담겨 있다. 아이를 어떻게 지도할지 난감한 부모의 고민을 '미운 일곱 살'로 표현한 셈이다.

하지만 가만히 생각해 보면 아이가 태어난 순간부터 고민에서 자유로웠던 적이 있었던가? 순간순간이 걱정이고, 고민이었을 것이다. 그럼에도 유독 일곱 살을 미운 시기라는 이유가 있다.

부모의 말도 안 듣지만, 논리적인 사고가 발달하기 시작하면서 반항과 말대꾸는 기본이고, 엄마 아빠의 말에 나름 논리적으로 반박하기도 한다.

아이의 변화에 부모는 당황하고 때론 감당치 못한다. 이런 아이들과 매일매일을 지내는 엄마 아빠의 고민을 나는 깊이 이해한다. 이 아이들은 선생님들께도 자기 생각을 정확히 표현하고 궁금한 것은 조리 있게 질문하는 것을 매번 보기 때문이다.

또 궁금한 것은 의문이 풀릴 때까지 꼬치꼬치 캐묻는다. 신학기 준비로 바쁘게 움직이는 선생님들을 보면서 일곱 살 원기가 내게 질문을 한다.

"원장님, 궁금한 게 있어요."

"뭐야?"

"다른 선생님들은 다 바뀌는데 원장님만 왜 그대로예요?"

"고운 반 선생님도 그대로 있잖아."

"아니, 고운 반 선생님은 햇살 누리 반으로 바꿨고, 다른 선생님들도 반이 다 바꿨잖아요."

"그럼 원기는 원장님이 어떻게 바뀌었으면 좋겠어?"

"그건 원장님 맘인데…."

원기는 한참을 생각하다 뭔가 알아차린 듯 살짝 웃더니 말했다.

"그냥 원장님 하세요."

원기와의 이 대화를 글로 옮겨 원기 아빠에게 카톡으로 보내드렸다. 지난번에 카톡으로 "원기가 좀 커서 그런지 말도 안 듣고 말대꾸해서 매번 윽박지르게 돼 고민입니다"라고 보내온 적이 있기 때문이다.

내가 보낸 메시지를 본 후 원기 아빠는 이런 답장을 보내셨다.

"대화를 이렇게 하는 거군요…."

아빠의 고민이 조금이나마 해결된 것 같았다.

일곱 살은 주변에서 받아들인 정보를 통합하고 이해하는 능력이 눈부시게 발달하는 시기다. 논리적인 사고 체계를 갖추면서 어른의 말을 자주 반박하기도 한다. 그리고 별별 걸 다 궁금해하며 고차원적인 질문도 더 많아진다.

원기 아빠에게 다시 답장을 드렸다.

"'아~ 아이는 이런 것도 궁금해할 수 있구나' 하며 아빠도 일곱 살이 되어 답해 주세요. 또 아빠 힘으로 해결이 안 되는 궁금증에는 '아빠도 잘 모르겠는데 아빠랑 함께 찾아볼까?'라며 시간을 나누면 됩니다."

시인 장석주는 대추 한 알에도 '태풍, 천둥, 벼락, 무서리, 땡볕, 초승달'이 들어 있다고 표현한다. 아이들의 성장에는 반드시 오랫동안 함께한 시간과 부모의 가치관과 생활 습관이 녹아들어 있다. 절대 아이 혼자 클 리 없듯, 부모의 따뜻한 손길과 시간도 아이에게 스며들어 자기 생각을 바르게 세우는 아이로 성장한다.

반대로 내 주장을 당당히 하지 못하는 아이들도 있다. 이 아이들은 부모들이 흔들리고 불안한 부모 모습을 보고 성장하면서 엄마의 흔들림에 이리저리 눈치 보는 아이들이다.

부모가 마음만 달리하면 '미운 일곱 살'은 없을 것이다. '경이로운 일곱 살'만 있을 뿐이다. 자기 맘대로 사는 것이 아닌 자기답게, 자기 속도대로 줏대 있게 성장한다.

아이들은 자기 나이에 가장 잘 어울리는 가장 좋은 상태로 자라고 있다.

TIP 아이가 놀이를 할 때 다음의 것을 관찰해 보세요.

- 스스로 놀이를 위해 탐색을 하는가.
- 놀이에 필요한 것이 있을 때 주변에 요청하는가.
- 어떤 놀이를 끈기 있게 반복하는가.
- 놀이 중 놀이와 관련한 질문을 하는가.
- 놀이에 능동적이거나 적극적인가.
- 경험을 통해 습득된 것들을 놀이에 사용하는가.
- 놀이 중 어려움이 닥쳤을 때 포기하지 않고 다음에 또 도전하는가.
- 어제 했던 놀이를 오늘 놀이로 확장시키는가.

엄마를 위한 동화 16

《진정한 일곱 살》

허은미 글
오정택 그림
만만한책방

아이들 몫을
건드리지 말아주세요

눈 주스 드세요

어젯밤에는 오랜만에 함박눈이 소복이 내렸다. 출근길에 다양한 눈사람들을 여기저기서 만날 수 있었다. 코로나19 때문에 학교에 가지 못하는 아이들을 대신해 눈사람들이 그 역할을 하는 듯했다.

어젯밤, 뽀드득뽀드득 눈을 뭉치며 얼마나 재미있었을까. 엄마랑 놀았을까, 아빠랑 놀았을까. 놀이 상황이 그려지며 가슴이 따뜻해지고 자연스레 미소가 지어졌다. 추측건대 어젯밤에 어린이집 아이들도 신나게 놀았을 것이다.

어린이집 교실에서는 아침부터 아이들의 눈 요리가 펼쳐졌다. 선생님들도 부지런히 움직이며 양동이 한가득 깨끗한 눈을 퍼 교실로 날랐고, 아이들은 환호성과 함께 손발 걷어 올리고 눈 요리 삼매경에 빠졌다.

하얀 눈으로 만들 수 있는 요리는 뭐가 있을까. 팥빙수는 기본이고 눈으로 부침개도 부치고, 눈 밥도 만들고, 눈 케이크도 만든다. 세상의 요리가 아이들 손에 변형되고 재탄생되었다.

눈을 가득 담은 놀이용 포도주잔으로 요리하던 지훈이가 나를 보더니 말했다.

"원장님, 눈 주스 드세요."

"와! 눈 주스는 어떻게 만들었어?"

"음~~ 눈 주스는 만들기 쉬워요. 눈을 컵에 담아 놓으면 녹으면서 주스가 되는 거예요."

"어머, 그래?"

"네! 눈이 녹으면 시원한 물 주스가 되는 거예요."

"아하! 그렇구나."

눈 주스를 내게 한 잔 주고도 지훈이 무릎 앞에는 아직 녹지 않은 눈 잔이 3잔이나 남아 있다. 그 잔 속의 눈은 아직 녹지 않았기 때문에 아이스크림이란다. 연이어 아이스크림도 한 컵 먹었다.

지훈이는 37개월, 올해 세 번째 겨울을 맞이하였다. 아이는 난생처음으로 눈이 녹으면 물이 된다는 것을 놀다가 그냥 알아버렸다. 누구도 설명해 주지 않았지만 눈 소꿉놀이 경험으로 알아버렸다. '그냥'의 범위는 경험한 만큼 얻어지는 것이다.

어른들은 양동이에 눈을 퍼서 교실로 날라 오는 선생님들처럼 아이들이 경험할 수 있도록 상황만 만들어주면 된다. 그리고 설명보다는 지켜보다가 아이가 질문을 하면 대답해 주면 된다. 이때 부모님들도 준비물이 있다. 내 안에 숨어 있는 어린이 마음을 꺼내놓으면 된다.

방바닥에 눈이 녹아 물바다가 될 걱정을 먼저 하거나, 찬 것을 만지면 감기 걸릴까, 옷이 젖을까 걱정을 미리 해버리면 경험하더라도 재미는 반감된다. 신나는 경험을 추가할 수 있는 상황을 그려보면서 즐거운 마음을 가지면 된다. 옆에 앉아 아이의 놀이에 놀아주는 것이 아니고 함께 놀면서 그 상황을 즐기기만 하면 된다. 아이가 상황을 만들면 그냥 따라가기만 하면 된다.

아이들은 놀이를 통해 뭐든지 탐구하고 스스로 답을 찾아가다가 궁금한 것이 생기면 질문을 한다. 이런 질문을 할 때까지 우린 어른들은 기다려주지 못하고 뭐든지 지식을 알려주려고 힘쓰기를 반복한다.

> 나는 어른들이 알아볼 수 있도록 보아 구렁이의 배 속을 그려놓았다. 어른들에게는 언제나 설명해 주어야 한다.
> 《어린 왕자》

맞다. 아이들에게 설명해 주기보다는 어른들에게 설명해 주어야 한다. 왜냐하면 어른들은 눈으로만 보고 급하게 판단하려 하기 때문이다. 매일 꿈틀대며 미래를 향해 나가는 행동파 아이들에게는 조건만 만들어주면 상황은 아이들이 만든다.

그냥 앎이 생길 수 있도록 경험을 추가해 주는 것이 어른의 몫이다. 이때 아이의 몫은 건드리지만 않으면 된다.

내 아이를 영재로 만드는 비법

TV에서 '영재발굴단'이란 프로그램을 즐겨 본 적이 있다. 각 분야에서 특별한 능력을 갖춘 아이들의 일상을 관찰 카메라 콘셉트로 소개하는 방송이다.

'영재발굴단'에 등장하는 아이들 중 늦둥이가 많다는 사실에 '왜 늦둥이들이 영재가 많을까?' 하고 수많은 사람이 궁금해했다. 이에 KBS는 상관관계를 밝히고자 연구를 진행했다. 그리고 그들이 영재로 성장하는 이유 중 하나는 부모의 육아 태도와 관련 있다는 결과가 나왔다. 늦둥이다 보니 가정이 경제적으로 안정되어 있고, 부모에게 시간 여유가 생기다 보니 아이와 놀아주는 시간이 많았다는 것이다.

우리나라 평범한 아빠들이 하루 평균 3분 정도 아이와 놀아주는 데 비해 영재 아이의 아빠들은 하루 평균 70분 이상을 놀아준다는 것도 다른 점이었다.

또 영재 아이 아빠들은 엄마보다 더 적극적으로 애정을 표현하고, 아이의 호기심을 차단하기보다 함께 호흡해 주며 지켜보기를 잘한다는 사실이었다.

여유를 가지고 지켜보기는 일은 정말 쉽지 않다. 아이는 부모가 눈길이 닿는 거리에서 그냥 지켜보기만 해도 스스로 탐색하고 호기심의 욕구를 채워가며 성장한다는 사실을 우린 이미 잘 알고 있지만, 잊고 있다. 더 많이 꽉꽉 채워주고, 더 똑똑하게 해주고 싶어서 미리미리 준비해 주는 엄마 아빠가 되어간다.

그런데 지켜보기만 해도 숟가락질을 스스로 하고, 거꾸로 신던 신발도 바로 신고, 자꾸만 넘어지던 걸음걸이도 잘 해낸다. 조금 더 자라면 킥보드는 물론이고 자전거도 탄다. 지켜보는 일은 어렵지만 참 쉬운 일이다.

며칠 전 세 살 서율이와 윤하는 같은 공간에서 각각 소꿉놀이를 하고 있었다. 윤하는 서율이가 가진 노란 숟가락이 탐이 나 얼른 자기 손에 쥐고 돌아서는 순간 서율이에게 들키고 말았다. 숟가락을 다시 뺏으려는 서율이와 뺏기지 않으려는 윤하 사이에 한참 실랑이가 벌어졌다. 숟가락을 쥔 윤하는 나와 서율이를 번갈아 바라보더니 서율이에게 숟가락을 다시 슬며시 건네준다.

선생님은 눈길이 닿는 가까운 거리였고, 다툴 상황이 아니어서 둘 사이의 실랑이에 끼어들지 않았다. 오히려 이 녀석들이 이 문제를 어떻게 해결하나 궁금해서 여차하면 말릴 태세를 갖추고 뚫어지게 지켜보고 있었다.

숟가락을 다시 건넨 윤하는 무슨 마음이었을까. 또다시 숟가락을 차지한 서율는 어떤 마음이었을까. 다음에 이런 일이 또 일어난다면 이 아이들은 어떻게 해결할까. 시시비비를 가리지 않아도 어른이 바라만 보고 있어도 세 살 아이는 무엇을 잘못했는지 스스로 알아간다.

지켜본다는 것은 마음의 여유를 가지는 일이다. 부모이기 때문에 가장 힘든 일은 지켜보는 일이다. 일어나지 않는 일을 미리 걱정하고 조바심이 나서 미리 차단하는 일을 수없이 많이 한다. 그래서 아이의 세상 속에는 항상 엄마가 버티고 있어 스스로 움직일 수 없는 아이가 되어간다.

영재가 별건가. 놀이의 주도권은 아이에게 주면서 엄마 아빠가 균형 있게 놀이에 참여하고 아이가 무엇에 관심이 있는지를 알아내서 놀이를 확장시키고 지지자 역할을 해주면 내 아이는 분명 영재로 자랄 수 있다.

여유 있는 마음으로 지켜보는 것, 아이의 호기심에 관심을 두는 것, 지켜보기를 반복하는 것, 믿음을 가지고 응원해 주는 것. 이것이 내 아이가 영재로 자랄 수 있게 하는 비법이다.

부모들은 이런 모든 어려운 일을 자꾸 해내야 한다.

엄마를 위한 동화 17

《터널》

앤서니 브라운 글·그림
장미란 옮김
논장

조건과 변수도 아이들은 비껴간다

성장으로 성과를 내는 아이들

새해가 시작되면 우리 어른들은 어떤 성과를 내기 위해 목표를 세운다. 올해도 난 다이어트를 결심했다. 해마다 한다. "한 달에 1kg만 빼자" 하면서 매일 만 보씩 걷기 목표를 세우고 행동으로 옮겼다.

하지만 조건과 변수는 나의 계획을 방해했다. 새해 벽두부터 밖에 나가면 얼어 죽을 만큼 북극보다 추운 한파가 찾아왔다. 몸도 마음도 얼어버려 다이어트를 하기엔 최악의 조건이었다. 더 꽁꽁 싸매고 긴장하며 방콕을 하니 먹을 것만 생각나 7일 중 2일은 폭식을 해버렸다. 나의 다이어트 결심은 비켜나갔다.

이렇듯 어른들이 목표한 성과를 내려면 부단히 노력해도 수없이 많은 조건과 변수를 비껴가지 못하는 경우가 대부분이다. 영어 공부, 일기 쓰기 등 많은 계획을 세우지만, 세우는 것에서 끝난다. 무계획이 계획으로 자리 잡는 것이 오히려 허탈감이 덜하다.

아이들은 어떤가?

아이들은 계획하지 않는다. 한 달에 1센티미터를 자라야겠다는 목표를 세우지도 않고, 한 달 내에 동화책을 몇 권 읽겠다는 계획도 없다. 그저 관심 있으면 성실하게 읽기를 무한 반복한다. 이런 아이들이 성장으로 성과를 낸다.

정윤이는 세 살에서 네 살이 되었다.

"정윤이 몇 살이야?"

"네 살."

한 살 더 먹는다는 것은 아이들에게는 온 우주의 절반은 내 것으로 만든 것처럼 뿌듯하다. 입으로는 네 살이라 말하고 아직 손가락은 세 개를 펼친다.

"정윤아, 손가락 이렇게 해봐."

손가락 세 개 펴기를 반복한다. 나름 네 개 펴기를 하려고 엄청나게 애쓰지만 역시나 세 개밖에 못 편다.

같은 반 우영이도 네 살.

"우영이 몇 살?"

"시 살."

"시 살 아니고 네 살."

고개를 일단 끄덕이고 자신 있게 대답한다.

"응~! 시 살."

"우영아, 나 따라 해봐. 네~~살!"

"시~~살!"

"다시 다시 네~"

"네~"

"살!"

"살!"

"네 살~~!!"

"시 살~!!!"

단호하다.

네 살처럼 세 살을 말한다. '시 살'에서 '네 살'로 넘어오는데 석 달이나 걸렸다.

이 두 녀석은 손가락 세 개 펴고 네 살이라고 말해도, 손가락 네 개 펴고 시 살이라 말해도 허탈해하거나 실망하지 않는다. 오히려 당당하다. 또 그렇게 하면서 우리 어른들이 즐거워하니 본인들은 더 신난다. 어른들은 네 살이라 말했으면 손가락을 네 개 펴야 하고, 네 개를 폈으면 시 살이라 말하면 안 된다.

도전은 계속된다

네 살을 막 지난 다섯 살 아이들은 주야장천 색연필을 들고 끼적이기만 반복한다.

어느 날부터 동글동글 동그라미 형태를 잡아가던 아이들은 또 다른 어느 날부터 동그라미 안에 작은 동그라미를 4개나 그려 넣고 눈 코 입을 만들어 얼굴 모양을 완성해 나간다. 이 동그라미는 엄마라고, 아빠라고, 친구라고 우긴다.

우린 아이들 말을 하나도 빠짐없이 믿는다. 그리고 이들의 말은 정답이다.

이런 동그라미 얼굴에서 손과 발이 나오고 머리카락도 나오더니 어느 순간에 얼굴 밑에 목이 자라나 얼굴과 몸통이 분리된다. 사람 형태가 된다. 이제부터는 옷 입은 사람도 그려지면서 우리 가족도 그려진다.

세상에 태어나 연필과 종이를 접한 모든 아이는 이 과정을 거친다. 그동안 내가 알고 있는 대한민국에 사는 다섯 살은 모두 그랬다. 물론 특수한 조건을 가진 아이는 안 거치기도 한다.

여섯 살은 훌라후프에 관심 가지고 돌리기에 날이면 날마다 도전한다. 훌라후프를 허리까지 올려 손을 놓고 몸통이 훌라후프와 한 몸이 되기까지는 몇 날이고 지치지 않고 될 때까지 도전한다. 몸을 스치고 방바닥에 훌라후프가 툭툭 떨어지면 아래층에서 시끄럽다고 올라올 수도 있다. 인터폰 소리가 들리면 그건 엄마 아빠 몫이다.

부모들이 저지하지 않으면 도전은 계속된다. 목표한 기한도 없고 날짜도 세지 않는다. 그저 내 몸에서 원형이 떨어지지 않을 때까지 돌린다. 훌라후프를 못 돌리는 여섯 살은 있어도 한 번만 돌려본 여섯 살은 없을 것이다. 이 또한 내가 만난 여섯 살 아이 중에서다.

일곱 살들의 무슨 도전을 할까.

대표적으로 줄넘기다. 줄넘기 또한 만만치 않다. 양손에 줄넘기 손잡이를 꽉 잡고 폴짝 두 발로 뛴 다음, 공중에 잠깐 올라가 있는 그 찰나를 이용해 손목에 힘을 주고 손잡이를 움직여 줄을 발밑으로 보내서 등 뒤로 머리 위로 가슴 앞으로 넘겨야 한 번 넘은 거다. 한 번 넘는 것도 대단한 성과다.

말로는 참 쉽다. 일곱 살 중 줄넘기를 할 줄 아는 아이는 드물다. 그래서 일곱 살의 줄넘기 도전은 좀 어렵다. 그런데 이조차도 또 해낸다. 일곱 살 때 못 하면 초등학교 가서 하면 된다.

난도가 높은 것이니 좀 더 연습이 필요하고 마음먹으려면 그만큼 더 용기를 내야 하기 때문이다.

성장은 아이들 몫이다

네 살은 손가락 펴기, 다섯 살은 눈 코 입 넣어 얼굴 그리기, 여섯 살은 훌라후프 돌리기, 일곱 살은 줄넘기. 아이들이 이런 것을 해내는 과정을 가만히 관찰하자.

부모는 아이에게 이런 것을 빨리 해야 한다고 재촉하거나 목표를 정해 주거나 기한을 정해 주지 않는다. 그저 실패할 때도 배꼽 쥐고 웃어주고 실패를 반복해 의기소침할 땐 응원과 격려도 해준다. 물론 성공했을 땐 박수와 함성으로 기쁨을 함께 나눈다.

부모들은 왜 그럴까? 또 왜 그렇게 하지 못하는 경우는 무엇일까?

조건과 변수는 어른인 부모가 만드는 것이다. 아이들은 내가 목표한 것이 없으므로 조바심을 내지 않는다. 언젠가는 해낼 것이란 확신이 있으므로 불안감도 느끼지 않는다. 어른들이 생각하는 조건과 변수는 아이들에게 모두 비껴간다. 아이들은 그저 반복적인 경험으로 축적하면서 성장으로 이어진다. 또 일정한 순서도 있고, 개인차도 있지만, 성장은 연속적으로 일어난다.

어른의 성과는 새해 다이어트 계획을 세우는 것처럼 눈에 보이는 것에 집중하지만, 아이들의 성과는 실망하게 하지 않고 자연스러운 성장으로 보답한다. 부모들은 아이들의 성장에 예상과 계획은 할 수 있다. 그 예상과 계획에 목표를 정해 버리면 안절부절

못할 수 있으니 그런 조바심을 다이어트해 보자.

어른의 목표, 조바심, 불안감, 이런 것들은 아이들 성장을 방해한다. 마음속으로 때를 기다리며 여유롭게 바라보면 그때는 반드시 온다.

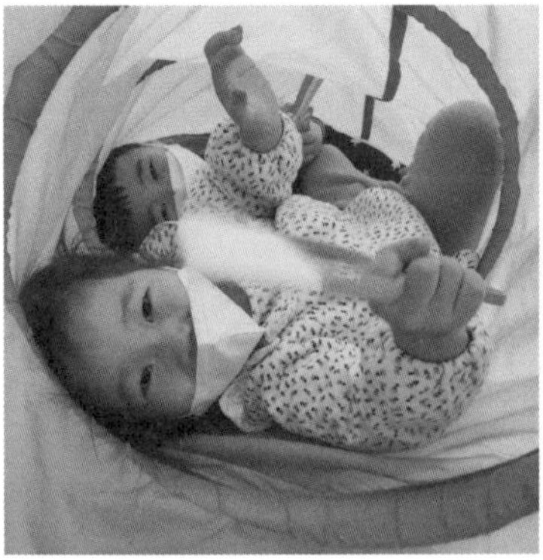

아이의 성공은 성장이다

지난해 사무실에서 업무에 집중하고 있을 때였다. 아이들 노는 소리가 저 멀리서 아련하게 들리는 것처럼 멀어졌다 가까워지기를 반복했지만 내 집중력을 흩트려 놓을 정도는 아니었다.

그런데 유독 세 살 반 선생님과 깔깔거리는 아이들 웃음소리와 함께 "성공~!!"을 반복적으로 외치는 소리가 들렸다. 궁금했다.

'애들이 무엇을 성공했지?' 살며시 사무실 문을 열고 나가보니 터널 통과 놀이를 하고 있었다. 터널을 무사히 지나 나오면 성공이다. 그러면 선생님은 손뼉을 치며 목청껏 "성공~!!"을 외쳐주는 거였다.

사실 세 살쯤 된 아이들이 터널을 통과하려면 대단한 용기가 필요하다. 어른들이 생각할 때와는 달리 아이들은 예측하는 힘이 부족해 막힌 공간을 답답하고 두렵게 느끼기 때문이다.

한 사전(네이버 지식 사전)에 '성공'은 '이루려는 바를 이룬다'라고 정의되어 있다. 오늘 아이들 놀이에서 이루려고 하는 바는 '무서워하지 않고 터널을 빠져나오기'다. 그러니 터널을 통과했다면 성공이다.

참 어렵고도 쉬운 놀이다. 아이들은 처음부터 터널 통과하기를 성공한 건 아니다. 통과할 만큼 마음도 성장했고 몸도 성장해야 터널 통과하기 딱 좋은 때가 되어 성공한 것이다.

한 TV 자동차 광고를 보면서 불편한 마음이 든 적이 있다. 골방에 처박혀 유튜브만 하는 아들을 한심해하던 엄마는 아들의 중대형 승용차가 시골집 앞마당에 세워진 걸 보고 "우리 아들 성공했네" 하면서 흐뭇한 표정을 짓는 광고였다. 이 자동차 광고는 시리즈로 방송되었는데 모두 성공한 사람들이 타는 자동차라는 이미지를 부각시킬 목적이었을 것이다. 하지만 내가 불편했던 이유는 '돈을 많이 벌어야만 성공이다'라는 물질만능주의 이미지가 내 머릿속에서 먼저 떠올랐기 때문이다.

아이는 셀 수 없을 만큼 여러 가지를 성공하며 자란다. 눈에 띄는 아이 혼자만의 첫 성공은 아마 뒤집기일 것이다. 아이는 바둥바둥 두 팔과 다리를 허공에서 허우적거리고, 몇 날 며칠 동안 팔과 다리를 들고 버둥거리며 뒤집기를 시도하더니 어느 순간 홀라당 뒤집기에 성공했다. 아이의 몇 가닥 되지 않는 머리칼은 땀으로 흠뻑 젖어 있었다.

뒤집기를 성공한 아이는 이제는 배를 밀면서 앞으로 나가는 도전을 한다. 역시나 이마와 몇 가닥의 머리칼은 땀으로 젖어 있다. 배밀이는 스스로 동력을 이용해 처음으로 이동을 하는 순간이었다.

뒤집기 때처럼 기고, 앉고, 걷는 이 모든 순간에 아이는 온 힘을 기울이고 또 하기를 반복하며 성공을 한다. 아이에게는 이 모든 일이 처음으로 일어나는 일이지만, 지치지 않고 게으름도 피우지 않고 꾀도 부리지 않으며 끝없이 반복하고 성공을 해내면서 성장을 주도했다.

아이의 성장 과정 중 성공은 여기저기 곳곳에서 시도 때도 없이 일어난다.

땀을 뻘뻘 흘리며 수없이 많은 실패를 거쳐 뒤집기에 성공했던 아이, 먹기 싫었던 브로콜리도 수없이 많은 시도 끝에 먹기 시작한 아이, 신발을 거꾸로 신기를 반복하다가 혼자 바로 신기 시작하는 아이…. 일일이 세자면 한도 끝도 없는 성공을 한다.

그 성공의 바탕에는 실패의 맛도 보지만 노력의 땀과 의지도 있다. 아이들은 작은 성공의 기쁨들이 알알이 모여 즐겁고 신나는 나날과 성장으로 보상받는다. 실패해도 즐겁고, 아이의 모든 성장 과정이 사랑스럽다.

엄마는 아이가 성장하면서 포기하는 것이 많아지지만 함께하는 매 순간은 기쁨이다.

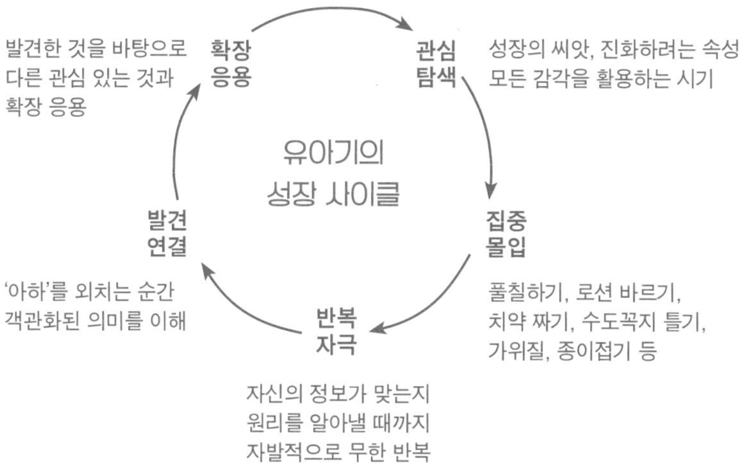

엄마를 위한 동화 18

《너는 어떤 씨앗이니?》

최숙희 글·그림
책읽는곰

내 아이의 미래에 꼭 필요한 것은?
(남과 다른 진짜가 되려면)

30개월의 새싹 감성

아침 등원 시간쯤 되자 하얀 함박눈이 수묵화 속 그림처럼 내린다. 교실에서는 창밖 풍경을 보고 선생님들과 아이들이 들떠 돌고래보다 더 돌고래 같은 소리를 질렀다. 손을 창밖으로 내밀어 손바닥에 앉는 눈송이를 보고 기쁨을 참지 못하는 얼굴에는 웃음이 가득했다.

마침 교실로 수인이가 등원했다는 벨 소리가 울렸다. 현관으로 수인이를 맞이하러 나가니, 엄마와 유아차 속 동생은 이미 현관 안으로 들어와 있는데 수인이는 내리는 눈 속에 홀로 하염없이

서 있었다. 우리 수인이가 축지법을 써서 동양화 속에 풍덩 뛰어든 것처럼 보였다.

하늘을 보다가, 날리는 눈을 보다가, 멀리 풍경을 보다가, 한 바퀴 빙그르르 돌다가, 다시 한참을 서 있다가, 뒤돌아 씽긋 웃어주고 또 하늘을 보고…. 그러고 보니 눈 내리는 풍경 속에 수인이가 서 있는 모습으로 풍경화가 완성되었다. 수인이 마음은 다채롭게 색칠되는 중이었다.

지금 수인이에게는 어떤 감성이 자리하고 있을까, 어떤 색깔이 칠해지고 있을까. 수인이는 이제 막 생후 30개월이 되었다. 작년에는 눈도 오지 않았었고, 20개월 이전이었던 터라 오늘 난생처음 제대로 눈 내리는 풍경을 맞이했을 것이다. 나는 수인이 엄마께 아이들과 같이 눈 구경하고 좀 놀다 들어오라고 했다. 막 자라나는 수인이의 새싹 감성을 지켜주고 싶었다.

잠시 후 차례로 등원한 친구들이 놀이터에 모였고 일찍 등원해 교실에 있던 아이들도 모두 옷을 입고 밖으로 나왔다. 이제 막 네 살이 된 아이들 눈에 펼쳐질 귀한 풍경을 그냥 놓치고 지나갈 수 없었다. 지금 가장 중요한 것은 펑펑 쏟아지는 눈으로 들어가 감성 세포를 하나하나 깨우고 오늘 날씨를 온몸으로 만끽하는 것이다.

하루하루가 성장에 적기이지만, 눈 내리는 풍경으로 30개월 감성 돌의 세포를 깨우고 자극하는 것은 오늘 이 시간이 아니면 안 된다.

시간이 지나면서 놀이터는 막 등원 중인 엄마들과 아이들과 눈이 뒤엉켜 한바탕 놀이판이 펼쳐졌다. 아이를 빨리 어린이집에 데려다주고 밀려 있는 집안일을 해야 하고, 어젯밤 동생 수유로 밤잠을 설쳐서 휴식을 취하고 싶었을 것이고, 출근 준비로 마음에 조급함이 가득했을 것인데 아이들과 뒤엉켜 있는 엄마들 모습을 보니 고맙기까지 했다.

내리는 눈을 맞으며 놀이터에서 실컷 놀고 들어온 후 유희실에는 아이들의 겉옷과 젖은 양말들이 널려 있다. 그 모습을 보니 나 어릴 적이 생각났다. 실컷 눈밭에서 놀고 집에 들어오면 젖은 양말과 장갑을 부뚜막 솥뚜껑 위에 올려 말려주시던 엄마의 모습과 그때의 하루가 오늘로 겹쳐졌다. '레이첼 카슨(Rachel Carson)'은 저서《센스 오브 원더(The sense of wonder)》에서 다음과 같은 말을 했다.

> 아이들이 부딪히는 사실 하나하나가 이윽고 지식과 지혜를 낳은 씨앗이라고 가정한다면, 다양한 정서와 풍부한 감수성은 그 씨앗을 키우는 비옥한 토양입니다. 어린 시절은 이 토양을 일구는 시기입니다.

아이들이 모두 집으로 돌아가니 놀이터도 교실도 조용하다. 하지만 그들이 오늘 남기고 간 흰 눈 속에서 자랐을 감성들이 놀이터에도 그대로 남아 있는 듯하다. 눈 오는 날, 정서와 감수성으로 인해 아이들 토양은 한결 더 비옥해졌다. 오늘 하루 종일 어린이집에서는 겨울 냄새가 났다. 참 따뜻한 하루였다.

참 멋진 아이들

우리 아이들은 교실에서 자기의 감성으로 어떻게 소통할까?

식사 후 양치를 마치고 온 지훈이가 한창 놀이를 진행 중인 친구들을 한참 동안 바라본다. 말할 틈을 찾더니 옆에 앉은 유호에게 부탁을 한다.

“유호야, 나랑 같이 놀아도 돼?” 유호가 못 들었다.

“유호야, 같이 놀아도 돼?” 재차 물어본다.

“좋아. 하지만 예준이랑 시완이도 좋다고 해야 해. 한번 물어봐.”

“알았어. 애들아, 나도 같이 놀아도 돼?”

“응, 그래.”

둘이 동시에 대답한다.

미숙하지만 꽤나 논리적인 아이들에 대화에 좀 더 귀를 기울였다.

그 소리를 듣고 유호가 말했다.

"응 하는 것보다는 좋아라고 대답해 주면 좋겠어."

두 녀석이 동시에 대답한다.

"좋아~~!"

세 명 다 좋아한다는 의사 표시를 정확히 하고 함께 놀이를 시작한다. 노는 것에 끼워준 친구들의 마음이 고마웠는지 지훈이가 한마디 한다.

"너희들이 나와 같이 노는 것이 좋다고 하니까 기분이 좋아. 고마워, 애들아."

이제 막 여섯 살이 된 녀석들도 고마운 마음을 표현할 줄 아는 아이로 꽤 많이 자라고 있었다. 같이 놀고 싶어 하는 친구의 마음을 읽고 놀이에 참여하자고 동의를 구하는 유호와 유호의 제안에 따라주고 자기의 마음을 알아준 두 친구에게 지훈이는 고마움을 표현했다. 아이들은 자기감정을 타인에게 비춰 볼 줄 알고, 받아들여 주기도 하는 능력이 생겨 놀이에도 적용하고 있었다.

인공 지능은 우리의 일자리를 빼앗을 뿐만 아니라 이제 우리 코앞에서 생활 곳곳에 침투해 있다. 인간만의 고유 영역이라 자처하는 창의성마저 AI에 교육하면 인간의 능력을 앞설 것이라고 예측하는 학자도 있다. 그렇다고 AI에 모든 걸 뺏길 수는 없다. 신의 영역이었던 인간도 만들어내는 시대에 우리가 지켜나가야 하는 것은 우리의 최대의 무기인 감성을 단단히 지키는 것이다.

감정이 나만의 것이라면, 감성은 타인과 함께하는 것이다. 감정은 내가 느끼는 기분이나 느낌들이다. 타인에게 영향을 받기는 하지만 소통과는 무관한 나만의 것이다. 기쁘고, 슬프고, 노여워하고, 외롭고, 아름답고 등의 감정이 1차원으로 포유류의 뇌에 뿌리를 두고 있어 내가 중심이라면, 감성은 좀 더 발달한 3차원의 바깥 뇌로 나로부터 시작해 타인에게 영향을 미치는 관계의 조절, 소통과 공감 능력이다.

스타벅스의 CEO 하워드 슐츠는 '스타벅스는 커피를 파는 것이 아니고 감성을 판다', '감성 마케팅이 세상을 지배한다'라는 경영철학을 갖고 있다. 참 멋지다.

스티브 잡스는 스마트폰 속으로 고객을 끌어들여 상술이 아닌 그들의 감성을 깨우는 감성 마케팅을 선택했다. 단순히 기계 한 대 팔려고 스마트폰을 만들지 않았다고 고백했다. 참 멋지다.

오늘도 어린이집 교실에서는 소통하고 공감하는 여섯 살이 AI도 두렵지 않은 주인공이 될 미래를 준비 중이다. 참 멋지다.

내 아이만의 오리지널리티

오늘도 교실에서 엉엉 우는 소리가 들린다. 교실로 향하니 승민이가 복도에서 억울함이 가득한 목소리로 울고 있었다. 담임선생님은 잘 놀다가 갑자기 투닥거려서 왜 그랬는지 상황을 못 보았다고 한다. 승민에게 물어봤지만 단단히 삐쳤는지 나와 눈도 안 마주친다. 엄마를 목 놓아 부르더니 현관 쪽으로 자리를 옮겨 밖을 보며 울기 시작했다.

"엄마한테 가고 싶어?"

"응."

"지금 엄마는 집에 없어."

"엄마 이쪄어(있어)~~~ 앙~~~~앙~~~"

"그래, 그래, 가자. 잠깐만 기다려."

아이와 산책하면서 기분 전환을 시키자 마음먹고 승민이 마스크를 가지러 간 잠깐 사이, 아이가 문을 열고 냅다 뛰기 시작했다. 놀라서 나는 신발도 신지 않은 채 아이를 쫓았다. 네 살이 달리면 얼마나 달리겠느냐고 묻는다면 달리기 선수 '우사인 볼트' 같았다는 표현이 딱 맞다. 나도 힘껏 달려서 승민이와의 거리는 좁혀졌고 살살 뒤를 따랐다. 어느덧 승민이는 자기 집 앞에 닫혀 있는 공동 현관문에 멈춰 섰다. 나는 가만히 서 있는 아이를 바라보며 다음 행동은 주시하고 있었다.

그 사이 현관문을 열고 오가는 사람들은 신발도 안 신고, 마스크도 안 쓰고, 화가 난 네 살짜리 남자아이와 마스크는 썼지만 맨발인 어른이 뒤에서 지켜보는 모습에서 무슨 일이 일어났는지 짐작은 한다는 눈빛으로 우릴 바라보며 지나갔다.

승민이에게 삐쳤느냐고 말을 거는 아줌마, 승민이를 타이르는 할머니, 상황이 빤히 보이는 듯 웃고 가는 아저씨도 있었다. 하지만 우리 둘의 반응은 싸늘했다.

5분이 지나고, 6분이 지나고 좀 더 시간이 지나면서 점점 승민이는 나의 존재를 곁눈질로 확인해 가면서 온몸으로 화해를 청하고 있다는 직감이 들었다.

"승민아~~~"

낮은 목소리로 아이를 부르니, 기다렸다는 듯 휙 돌아 나에게 폭 안긴다. 이 상황에서 무슨 말이 필요하겠는가? 갈비뼈가 부스러질 정도로 꼭 안아주었다. 폭 감싸 안고 어린이집까지 돌아오는 길에 승민이는 작디작은 손으로 내 등을 토닥였다. 그 토닥거림은 '원장님, 내 마음을 알아줘서 고마워요. 그리고 미안해요'라는 무언의 표현이었다. 그래서 나도 똑같이 승민이의 등을 토닥여주었다.

"그래 승민아, 화를 풀어줘서 고마워. 근데 화난다고 혼자 집으로 달려가는 건 위험해."

"으응~~"

그 뒤로 승민이와 나는 급속도로 친해졌다. 초가을쯤 일어난 일이니, 6개월이 지난 지금까지 가끔 울긴 해도 불같이 화를 내는 일은 줄었고, 혼자 탈출하는 일은 없다.

우리 승민이는 화내고 울 때는 상대가 누가 되었건 자기감정에만 집중한다. 스스로 화가 다 풀려야 화해도 하고, 말도 들어준다.

자기감정을 조절하는 방법을 배우고 있는 중이다.

얼마 전 승민이 엄마가 아이를 등원시키면서 어젯밤 승민이가 한숨도 못 잤다고 말씀하셨다. 아이가 말을 안 듣고 떼를 부리기에 TV에 방송되었던 '우리 아이가 달라졌어요'에서 나왔던 것처럼 훈육을 했는데, 놀랐는지 잠을 푹 못 자고 자다가 깨고서 밤새 울었다는 것이다.

떼 부리고 운다고 모든 아이에게 똑같은 훈육법을 적용할 순 없다. 각자 아이마다 처한 상황이 다르고, 기질도 다르고, 욕구도 다르고, 느끼는 감정과 감성도 다르다. 아무리 어린아이여도 자기 마음을 어루만져 주면 그 마음이 더 잘 전달된다.

감정에도 감성에도 내 아이만의 오리지널리티(originality)가 있다.

엄마를 위한 동화 19

《하나라도 백 개인 사과》

이노우에 마사지 글·그림
정미영 옮김
문학동네

귀하게 키운다는 것

귀하게 키운다는 것은 무엇일까?

우리는 태어남과 동시에 사회관계 속에서 성장한다. 첫 번째 관계는 부모와의 만남이다. 이 만남을 통해 세상에서 가장 귀한 대접을 받고 성장하여 더 큰 사회에서 건강하고 균형감 있게 살아가는 기초가 된다.

그러므로 어린 시절에 부모와 함께하는 귀한 시간은 아이의 인생에서 땅 다지는 시간이다. 사회에서도 부모가 귀하게 여긴 것보다 더 값지게 귀한 대접을 받으며 성장한다면 더할 나위 없이 좋은 일이다. 그렇다면 어떻게 하는 것이 귀하게 키우는 것일까?

지난 어느 해, 내 생일에 남편과 이야기를 나누고 있었다. 나는 1남 6녀 중 다섯째이고, 남편은 2남 중 장남이다.

"장모님은 애들 생일을 어떻게 다 기억하신대? 일곱 명이나 되니 생일 기억하기도 쉽지 않겠다."

뜬금없는 남편의 말에 나는 의심의 여지없이 반박했다. 그동안 기억하는 생전의 내 친정엄마는 자식들 생일만큼은 또렷이 기억하고 이야기를 해주시던 모습을 자라면서도 종종 봐온 일이었다.

내가 태어난 날은 초여름 음력 오월, 엄마는 초저녁부터 살살 배가 아프기 시작했고 진통이 왔다. 뒷마당 쪽 문을 열고 밖을 보니 초여름 보름 달빛은 개미가 장독대로 기어 올라가는 것조차 비출 만큼 밝았다.

큰며느리인 엄마가 내리 딸만 넷을 낳았으니 다섯째는 아들이길 간절히 바랐다. 하지만 밤 11시가 넘어 태어난 아이가 딸이었다.

'딸 귀한 집에서 태어났으면 얼마나 귀한 대접을 받았을까?'

엄마는 혼자 서러워 눈에서도 마음에서도 눈물이 흘러내렸다.

엄마가 들려준 다섯 번째 딸의 생생한 출산 스토리는 이 세상에서 내가 가장 재미있게 들은 최고로 흥미로운 동화였다. 칠 남매의 모든 성장 과정을 다 기억하진 못하지만 자식들 생일만큼은 기억하고 마음속으로 건강을 기원해 주시던 엄마였다. 어디, 나

낳던 시간만 기억하랴? 엄마의 칠 남매 출산 스토리는 엄마의 기억 속에 소중히 방울방울 맺혀 있었다. 이런 엄마에게 내 남편은 도전장이라도 내듯 질문을 했다.

"어머니, 애를 일곱이나 낳으셨는데 힘들어서 어떻게 키웠어요? 자식들 생일도 다 기억하지 못하겠어요. 허허허."

남편은 엄마가 고생하며 칠 남매를 키우신 대단함을 말하고 싶었을 것이다. 남편의 질문에 엄마는 대꾸도 안 하고 싸늘한 표정으로 한동안 말이 없었다. 그리고 툭, 뼈 있는 한마디를 단호하게 던지셨다.

"다~ 나름 하나하나 예쁘고 귀하게 켰어(키웠어)!"

나를, 우리 칠 남매를 나름 예쁘고 귀하게 키우신 우리 엄마였다. 예쁘고 귀하게 키우셨다는 말에 가슴이 뭉클했다.

귀하게 키우고 싶은 마음은 무죄

오랜 시간 동안 어린이집을 운영하다 보니 많은 선생님을 만났다. 그 선생님들 중 기억에 남는 K 선생님이 있었다. 면접 때 1년씩만 근무하고 어린이집을 옮긴 이력이 마음에 걸렸지만, 나의 질문에 똑 부러지게 대답하는 모습이 맘에 들었다. 함께하면서 잘 모르는 것은 가르치면 될 것이라고 생각하고 교사로 채용했다.

그런데 3월 시작과 동시에 학부모들로부터 항의가 빗발쳤다. '양말을 두고 왔다, 물병을 두고 왔다, 수저가 친구랑 바뀌었다, 아이가 이틀이나 결석했는데도 안부 전화 한 통 하지 않는다, 애가 꼬집혀 왔는데 선생님은 모르더라' 등등. 그뿐만이 아니었다. 그 선생님이 맡은 반은 항상 청소되어 있지 않고, 교재 교구도 제자리를 찾지 못해 다른 선생님들이 대신 정리를 해주는 실정이었다. 유독 그 반의 교재 교구만 망가지고, 심지어 선생님이 쓰는 컴퓨터조차 수시로 망가졌다. 나는 그 선생님과 정리, 청소도 같이하면서 가르치고 부탁도 해보았지만 전혀 나아질 기미가 안 보였다.

아이들을 위해 긴 시간 동안 면담도 했다. 면담 중 선생님은 이런 이야기를 했다.

"엄마가 저를 워낙 귀하게 키우셔서 집에서 아무것도 안 시키셨어요."

그러고 보니 문득 면접 당일 어린이집 앞에서 승용차에서 내리던 교사의 모습이 떠올랐다. 면접이 끝나자 그때까지 밖에서 기다리신 부모님이 선생님을 태우고 갔던 일이 생각났다.

20대 중반을 넘긴 딸이 직장 면접을 오는데 그 자리까지 데려다주시는 부모님은 자식 혼자서 할 수 있는 일의 한계를 정해 버렸다. K 선생님의 부모는 아이에게 아무것도 못 하게 하며 아이의 손발이 되어주는 방법으로 귀하게 키우셨다.

이렇게 귀하게 커서 성인이 된 아이는 모든 것이 풍족하니 간절히 갖고 싶은 것이 없고, 순간마다 과도하게 간섭하니 하고 싶은 것도 없어지고, 스스로 노력하지 않아도 척척 해주니 바라는 것도 없다.

칼릴 지브란의 우화집《옷》 중에는 다음 이야기가 실려 있다.

어떤 조개가 곁에 있는 조개에게 말했습니다.
"나는 속이 몹시 아프단다. 무겁고 둥근 것이 내 몸속에 있어서 너무너무 괴로워."
그러자 다른 조개는 도도하고 자신만만한 태도로 대꾸했어요.
"내겐 아무런 아픔도 없으니, 저 하늘과 바다를 찬미하고 싶어라. 나는 온몸이 건강하고 완전해."
그 순간 지나가던 게 한 마리가 둘의 얘기를 듣고는 온몸이 건강하다는 조개에게 말했습니다.
"그래, 너는 건강하고 완전하지. 하지만 네 곁에 있는 친구가 품고 있는 아픔은 바로 눈부시게 아름다운 진주란다."

진주 품은 조개처럼 눈부시고 빛나게 자식을 키우고 싶은 것이 세상 모든 부모 마음이다. K 선생님의 부모님도 그런 마음이었을 것이다. 하지만 아이의 성장 과정에서 마땅히 경험해야 할 일들을 모두 부모가 처리해 주고, 아픔을 이겨낼 경험과 기회를 주지 못하셨을 것이다. 그 결과, K 선생님은 사회생활에서 무얼 어떻게 해야 할지 자기 자리를 찾지 못했고, 변명과 자기 합리화가 일상처럼 자리하고 있었다. 사회관계에서 귀한 대접을 받지 못하고 어려움을 겪고 있었다. 결국 나도 그 교사와는 1년만 지내고 말았다.

부모라면 누구나 아이에게 좋은 것 다 주고 싶고, 힘든 일은 안 시키고 싶고, 꽃길만 걷게 하고 싶은 건 인지상정이다. 자녀의 앞길을 위해 길도우미 역할을 하고 싶은 마음이 나쁜 건 아니다. 귀하게 키운다는 것은 성장할 때는 성장통을 겪고, 기쁨은 즐길 줄 알고 아픔도 이겨내도록 아이 몫으로 남겨주는 것이다.

부모는 옆에서 아이가 도움을 청할 때 도와주는 역할로도 충분하다.

사회가 귀하게 여기는 내 아이가 되려면

아이들은 성장 과정에 자기 스스로 해내는 때에 맞는 발달 과업이 있다. 환경과 사회에 적응하면서 함께 살기 위해 때에 맞는 과제를 해내는 것이라 보면 될 것이다.

미국의 교육학자 해비거스트(R. Havighurst)는 "개인이 한 단계에서의 발달 과업을 잘 성취하면 행복하게 되고 다음 단계의 과업을 원만히 수행할 기초를 마련하나, 그렇지 못하면 불행해질 뿐만 아니라 장차의 과업 수행에 곤란을 겪게 된다"라고 하였다.
(《교육심리학 용어사전》, 한국교육심리학회)

부모만 귀하게 여긴 아이로 성장하면 사회에서는 환영받지 못한다. 그렇게 아이의 성장 과정에 모든 걸 개입하고 사람과 어울리는 법조차 부모의 테두리 안에서 경계를 짓느라 아이는 할 일이 없어지고 부모만 몸과 마음이 바쁘다.

몸도 지치고 마음이 힘드니 부모의 중심은 흔들릴 수밖에 없다. 아무리 비대면 시대이고, 혼자서도 할 일이 많은 시대 속에 살고 있지만, 누가 뭐래도 '인간은 사회적 동물'이다. 이 말은 고대 그리스 철학자 '아리스토텔레스'가 한 말이다. 이는 아주 오랜 시간이 흘러도 변함없었고 앞으로도 변하지 않을 진리다.

교실에 들어가 아이들을 관찰해 보면 관계 속에서 소통과 상호작용을 하기 위해 아이들은 끊임없이 싸우며 부딪히고 조율하는 과정을 수없이 반복한다. 나이와 관계없이 어느 교실에 들어가도 마찬가지다. 이럴 때마다 교사들이 지키는 원칙이 있다. 무작정 아이들의 다툼에 개입하지 않는다는 것이다. 위험하거나 다칠 수 있는 상황이 아니면 아이들 스스로 해결할 수 있도록 지켜보면서 아이가 도움을 청할 때 도와주는 역할만 할 뿐이다.

스스로 할 수 있는 일이 무엇인지, 내 한계가 무엇인지를 알고 남에게 도움을 청하는 방법을 배워야 사회의 일원으로서 성숙하게 성장하기 때문이다.

부모라면 내 아이를 귀하게 키워 사회에서도 귀한 대접받고 자기 역할을 제대로 하며 행복한 삶을 살 수 있도록 하는 게 소망이다. 우리 칠 남매의 엄마도, K 선생님의 엄마도 자식을 귀하게 키우고 싶은 마음은 똑같다. 다만 방법이 달랐을 뿐이다.

칠 남매 우리 엄마의 삶은 남루하고 고단했었고 사느라 바빠 아이 인생에 크게 개입하지 않았고, 챙겨주지 못했다. 하지만 당신이 할 수 있는 제일 나은 방법은 아이가 스스로 할 수 있는 일들은 알아서 찾도록 돕는 일이었다. 삼대독자라, 늦게 가진 아이라, 어렵게 가진 아이라, 외동이라서가 아니라 사람은 모두 귀하다.

곰의 모성애는 인간보다 더 깊고 따뜻하다고 한다. 하지만 어미 곰은 새끼들이 2년쯤 자라면 평소에 눈여겨보았던 먼 숲속의 산딸기 밭으로 새끼를 데리고 간다고 한다. 어린 새끼가 산딸기를 따 먹느라 잠시 어미 곰을 잊게 되는 그 틈을 타서 어미 곰은 새끼 몰래 아주 곁을 떠난다.

정성스럽게 2년이나 애지중지 키운 새끼를 매정스럽게 떠나보내는 이유는 간단하다. 스스로 혼자 사는 법을 터득해야만 살아남을 수 있으므로 새끼를 살리기 위해 떠나보내는 것이다. 혼자 살아가는 방법을 알려주기 위해 어미 곰의 사랑은 겨울 살갗을

에는 바람보다 더 차갑다.

혼자여도 좋다. 그러나 혼자만 있는 것은 안 된다. 말을 조리 있게 할 줄도 알아야 하지만, 아낄 줄도 알아야 한다. 내 일을 똑 부러지게 잘하지만, 내 일만 잘해서도 안 된다. 남에게 도움을 청할 줄도 알지만, 베풀면서 도움을 청할 줄 알아야 한다. 양보도 잘해야 하지만, 내가 원하는 것도 표현할 줄 알아야 한다. 다른 사람의 말을 존중하고 따를 줄도 알지만, 끌려다니지는 않아야 한다.

그렇다면 어떻게 하는 것이 귀하게 키우는 것인가?

아이가 집중할 땐 무심한 듯, 도움을 청하지 않을 땐 못 본 듯, 남에게 피해를 주거나 위험할 땐 엄하고 단호하게, 정서적으론 풍족하지만 물질적으로는 부족하게, 눈 맞춤만큼은 샤워기에서 물줄기 쏟아지듯 풍족하게, 스스로 경험할 수 있는 환경은 차고 넘치게 제공해 주면 된다.

타고난 성향을 존중해 주고, 잘하는 부분과 부족해서 보완해 주어야 할 부분이 무엇인지를 잘 알아차려야 한다. 모든 걸 다 해결해 줄 필요는 없다. 몸과 마음이 건강하고 균형 있게 자라는 아이가 사회 속에서도 귀하게 대접할 것이다.

사회에서 조화와 균형을 유지하며 나다움을 잊지 않고 자유롭게 자신의 삶을 성장시키는 사람, 이런 사람이 귀한 사람이다.

엄마를 위한 동화 20

《리디아의 정원》

사라 스튜어트 글
데이비드 스몰 그림
시공주니어

아무튼 나는
멋진 엄마다

내 새끼 잘되게 해주이소

서양화가 김정수는 20여 년째 진달래만 그린다. 그는 드러내지 않고도 한국인의 가슴 밑바닥을 울릴 수 있는 소재를 찾아 헤매던 중 유년 시절 느꼈던 어머니에 대한 진한 그리움을 진달래꽃에서 발견했다.

부산 국제시장에서 장사를 하시는 어머니는 중학교도 제대로 안 다니고 말썽을 피우던 아들의 손을 잡고 진달래가 활짝 핀 뒷산으로 올라가 "아들, 얼마나 아프나? 너무 조급해하지 마라. 힘들고 어려워도 참고 기다리면 너도 언젠가는 이 진달래처럼 환하게 필 거야"라고 위로해 주었다고 한다.

그런 다음 진달래꽃을 한 움큼 따서 허공에 흩뿌리며 엄마는 소원을 비셨다. "내 새끼 잘되게 해주이소, 내 새끼 잘 되게 해주이소." (한겨레신문 기사 내용 중 일부 발췌)

종교가 있든 없든 아이를 키우는 부모 마음은 다 마찬가지다. 아이가 아프거나 위험한 순간이 되면 예수님, 부처님, 한울님 등을 다 찾고 아이를 도와줄 수 있는 신은 모두 부르기 마련이다.

대학 입시 수능 때가 되면 학교 교문에 찰떡을 부쳐 놓고 기도하는 부모도 있고, 무릎이 닳도록 3천 배를 올리는 부모도 있다. 모두 자식을 위한 마음이며 소망이다.

성당 주일 미사 중, 신부님은 당신의 어머니 이야기를 해주셨다.

신부님이 신학교에 다니던 시절, 담배를 피우다가 교장 선생님에게 딱 걸려 '엄마를 모시고 오라'는 통보를 받았다. 1970년대의 일이니, 경기도 안양에서 서울 혜화동까지는 버스만으로도 2시간이 넘는 거리였다. 엄마는 연락을 받고 단걸음에 달려왔다. 아들을 보자마자 "너무 신부에 연연하지 마라. 딴 일도 많으니 걱정하지 말고 엄마만 믿어" 하며 아들을 안심시키고 교장 선생님을 만나러 가셨다. 그래서 엄마가 교장 선생님과 대판 붙을 걸로 생각했는데, 교장 선생님 앞에서 무릎을 꿇고 '우리 아들 살려달라'며 빌고 있는 모습이 창문 너머로 보였다.

자식 앞에서는 세상에서 가장 강한 엄마이지만 자식 일로는 세상에서 가장 약한 엄마의 모습이었다.

나는 지금도 눈이 약하지만 어릴 적에도 눈이 자주 충혈되었다. 눈이 충혈되면 엄마는 나를 위한 엄마만의 의식을 치르셨다. 아침 일찍 동트기를 기다리고 있다가 나를 깨우셨다.

엄마의 손에는 붉은 팥을 담은 그릇이 들려 있고, 나를 탱자나무가 있는 언덕 위로 데리고 가셨다. 그리고 떠오르는 해를 바라보며 주문을 외우셨다. 나를 품어 안고 들고 간 팥을 한 움큼 손에 쥐고 아픈 눈을 비비면서 누군가를 향해 기도하셨다.

"강씨 집안 다섯째 딸 눈이 아프니 빨리 낫게 해주십시오. 어린 것이 얼매나(얼마나) 힘들 것어요."

점점 소리는 잦아들고 혼자 중얼거리는 말로 열심히 엄마만의 의식을 치른 후 해를 향해 팥을 뿌리셨다. 자신의 바람을 누군가는 꼭 들어줄 것이란 믿음으로 엄마는 마음의 평화를 찾으셨던 것 같다.

그런 후 집으로 돌아오면 충혈된 눈이 나았는지는 기억에 없으나, 엄마와 함께한 시간이 너무 좋아 온종일 기분이 좋았다. 난 지금도 그때의 붉은색에 가까운 주황빛 새벽 해를 선명히 기억한다. 그런 엄마가 참 좋았다. 어미의 자식 사랑은 시간과 공간을 초월한 불변의 법칙이다. 나에게 어려운 일이 생겼을 때 이런 친정엄마를 기억하는 것만으로도 해결할 수 있는 용기와 힘이 생긴다.

내 아이들은 나의 어떤 모습을 기억하고 살아갈 힘을 얻을지 나는 가끔 궁금하다. 어미가 된 내 마음속의 가장 중심에는 서양화가 김정수 씨의 엄마 마음같이 '내 새끼 잘되게 해주이소'가 자리하고 있다. 수없이 많은 엄마를 만나봐도 이 마음은 하나같다.

진달래꽃을 허공에 흩뿌리며 빌었던 김정수 씨 엄마의 소원이나, 무릎 꿇고 내 새끼 살려달라고 아들의 용서를 비는 신부님 엄마의 마음이나, 탱자나무 아래에서 떠오르는 해를 바라보며 새끼의 건강을 빌었던 내 엄마의 바람처럼 잘 보이려고 노력하지 않아도, 애써 추억거리를 만들려 하지 않아도 마음과 마음을 나눈다면 아이는 평생을 살아갈 힘을 부모로부터 얻는다.

오늘 나도 내 새끼들을 위해 기도한다.

"내 새끼 잘되게 해주이소."

부모에 대한 그리움이 있는 사람이 진짜 부자다

일곱 살 반의 졸업 사진을 찍는 날이었다. 사진관은 걸어갈 수 있을 만큼 가까운 거리에 있었으나 가을비가 추적추적 내리는 바람에 승용차를 나눠 타고 이동했다. 승용차를 탄 도현이가 한마디 툭 던진다.

"원장님, 우리 시냇물이 흐르는 곳으로 고기 잡으러 갈까요?"

"갑자기? 왜 고기 잡으러 가고 싶어?"

"왜냐하면 비가 오는 날에는 고기 많아져서 쉽게 잡을 수 있거든요."

비가 오자 도현이는 아빠랑 낚시했던 기억이 난 것이다.

도현이 말에 나도 어릴 적에 아버지와 함께 고기 잡으러 갔던 추억이 떠올랐다. 아버지와 나는 비가 그치면 양동이와 그물을 들고 도랑으로 가서 송사리와 각양각색의 물고기들을 양동이 한가득 잡았었다. 아버지 손잡고 고기 잡으러 따라가는 나는 그지없이 좋았다. 아버지가 잡아 온 물고기는 엄마의 솜씨로 조림도 되고 찌개도 되고 구이도 되어 저녁 밥상을 풍성하게 했다. 도현이 말대로 비 온 후에는 진짜 시냇가에 물고기가 많았다. 그때 그 시절로 다시 돌아갈 수 없지만, 추억 속에서 젊은 아버지와 젊은 엄마를 만나며 다시 행복감에 빠져들었다. 부모님이 그리워졌다.

"만일 초등학생 시절로 돌아간다면 가장 하고 싶은 것은 무엇인가요?"

'그냥 좋은 엄마가 되자' 모임에 참석한 부모들에게 질문을 하자 "실컷 놀 거예요!"라고 서슴없이 대답한다. 그럼 나는 재차 질문을 해본다.

"그럼 내 아이가 초등학생이라면 실컷 놀릴 거예요?"

이번 질문에는 망설이며 잠시 고민을 한다. 그 고민이 뭐지 말 안 해도 나는 안다. 나는 이렇지만 내 자식만큼은 더 잘 키워보고 싶은 이중적인 마음이다.

육아란 단어는 기를 육(育)에 아이 아(兒) 자를 쓴다. 한자에서도 보듯이 아이를 기르는 역할을 부모가 하는 셈이다. 잘 기르는 데 집착을 하고 있으므로 육아가 힘들고 아이를 실컷 놀리는 것에 주저하는 이유다.

반대로 생각해 보면 아이가 자란다. 타고난 자신만의 시간을 충분히 활용하며 서두르지 않고 성장통도 스스로 이겨내며 자란다. 엄마는 아이가 자라는 것에 집중하면 성장 과정을 즐기게 되고 과정을 함께 하다 보면 성장 이야깃거리가 만들어진다. 덤으로 엄마는 내 아이의 성장을 이해하는 '그냥 좋은 엄마'가 된다.

몇 해 전 어린이집에서는 '그냥 좋은 엄마가 되자'라는 모임을 열었다. 아이와 함께하면서 겪는 어려움과 부족함을 서로 나누는 자리였다. 이날만큼은 아빠가 일찍 퇴근해 집에서 아이를 돌보고 엄마 혼자 오시는 분도 있고, 서둘러 퇴근해서 아이와 함께 참석하는 엄마도 있었다. 밖은 어둑어둑해져 가는데 지친 기색 없이 어린이집 문을 열고 들어오는 엄마들의 모습은 '그냥 좋은 엄마'가 되는 것조차도 소망해야 한다는 간절한 마음이 보였다.

시시각각 변하고 성장하는 아이에게 일정한 규칙을 적용할 수 없듯이 이런 아이들과 함께하는 엄마들도 '좋은 엄마'를 정의하고, 규격화할 수는 없다. 하지만 아이 가슴속에 함께 나눌 이야기가 가득한 엄마로 부모로 기억되고 어린 시절 부모와 함께한 이야깃거리를 추억하고 그리워하는 이가 진짜 부자다.

"마음에 그림이 없으면 생각으로 이어지지 않는다"라고 아리스토텔레스는 말했다. 부모와 함께한 추억이 바로 마음의 그림이다.

이때가 제일 좋을 때여

누군가가 나에게 가장 행복했던 시절을 떠올리라고 하면 내 두 아이의 어린 시절이다. 나만 그런 줄 알았는데 주변의 많은 엄마들이 거의 같은 이야기를 한다.

말썽을 피워도, 매일매일 사고를 쳐도 그런 모습에 반해 힘들어도 아이가 안 컸으면 좋겠다고 농담같이 마음을 표현하시는 부모도 많다. 육아처럼 재미있고 즐거운 일이 또 있을까?

앤서니 브라운이 쓴《우리 엄마》라는 동화가 있다.

> 엄마는 멋지고, 굉장한 요리사이고, 놀라운 재주꾼이고, 훌륭한 화가이고, 세상에서 가장 힘센 여자이고, 마법의 정원사이고, 착

한 요정이고, 천사처럼 노래하고, 사자처럼 소리치고, 나비처럼 아름답고, 안락의자처럼 편안하고, 고양이처럼 부드럽고, 코뿔소처럼 튼튼하다. 무용가, 우주비행사, 영화배우, 사장님이 될 수 있었지만 가장 멋진 우리 엄마가 되었다.

그런 엄마를 아이들은 너무너무 사랑한다.

동화 속 엄마처럼 우리 엄마들도 정말 그렇다. 엄마의 모습 중 가장 멋진 모습은 내 아이의 엄마일 때다. 이렇게 멋진 엄마들이 아이를 잘 키워야 한다고 마음에 몸에 힘을 꽉 주고 살다 보니 아이와 함께하는 시간 속에 있지만 즐길 타이밍을 놓치고 있다.

지금도 난 유아기를 지나고 있는 아이와 함께하는 엄마들이 가장 부럽고 질투 난다. 매일매일 씨름하는 과정이 힘들기도 하겠지만, 포기하는 것도 많고, 몸도 마음도 바쁘겠지만, 하루 중 엄마에게 가장 많은 웃음을 웃게 하는 이도 힘나게 하는 이도 내 아이다.

아이들이 잠든 후 세상에서 가장 시원하고 짜릿한 맥주 맛을 알게 해주는 이도 내 아이들이다.

나도 둘째 놈 업고 큰아이 손잡고 다닐 적에 아이들을 다 키우신 어른들은 그 모습을 보면 한마디씩 하시고 지나갔다.

"이때가 제일 좋을 때여."

그때는 그 뜻을 몰랐었는데, 지금 생각해 보니 아마 지나가던 아주머니들도 내가 아기 업고 장 보는 모습을 질투하신 것이라 추측이 된다.

나도 사실 두 아이 키울 땐 마음껏 즐기지 못했다. 지금은 다시 그 시절로 돌아갈 수 없지만, 어린이집 아이들에겐 여유를 가지고 마음껏 그들의 성장과 함께한다. 남의 집 아이들이지만 여유를 가지고 돌보니 내 아이 키울 때보다 더 즐겁고 아침에 출근해 웃다가 퇴근하는 일의 반복인 것 같다. 내 아이가 영·유아기일 때가 아이도 엄마도 인생의 황금기다.

육아는 과정이다. 이 과정을 즐기려면 욕심도 버리고 여유를 가져야 한다. 육아 과정 중에 불안하고 속 끓이고 흔들려도 '아무튼 난 멋진 엄마다'를 잊지 않으면 진짜 멋진 엄마가 될 수 있다.

멋진 부모에 이르는 길은 어떤 것을 바꾸는 데 있지 않다. 지금 하는 평범한 일을 아이와 함께하는 데 있다.

엄마를 위한 동화 21, 22

《우리 엄마》

앤서니 브라운 글·그림
허은미 옮김
웅진주니어

《미스 럼피우스》

바버러 쿠니 글·그림
우미경 옮김
시공주니어

오늘 하루 어떻게 지냈나요?

날짜 : 년 월 일 요일

아이 기분

엄마 기분

질문	이렇게 했어요
1. 몇 번 안아줬는가?	
2. 몇 번의 눈 맞춤을 하였는가?	
3. 질문은 몇 번 하였는가? (무엇을 물었나요?)	
4. 아이가 한 말 중 가장 기억에 남는 말은? (아이의 행동 중 가장 기억에 남는 모습은?)	
5. 아이가 무엇을 먹었을 때 가장 좋아하는가?	
6. 아이랑 함께한 활동은 있는가? 무엇인가? 함께 시장 보기도 활동이다.	
7. 무슨 일로 몇 번 발끈했는가?	
8. 무슨 일로 꾹 참았는가?	
9. 가장 기쁜 일, 슬픈 일, 화나는 일, 행복한 일은?	
10. 나에게 감사한 일은?	
11. 아이에게 감사한 일은?	
12. 평소와 다른 오늘만의 특별한 일은?	

* 기록하면 데이터가 쌓이고 아이와 내가 어떤 상황이지 환히 보입니다.
하루를 정리한다는 마음으로 아이와 나를 관찰하며 매일매일 기록해 보세요

오늘 하루 어떻게 지냈나요?

날짜 : 년 월 일 요일

아이 기분

엄마 기분

질문	이렇게 했어요.
1. 몇 번 안아줬는가?	
2. 몇 번의 눈 맞춤을 하였는가?	
3. 질문은 몇 번 하였는가? (무엇을 물었나요?)	
4. 아이가 한 말 중 가장 기억에 남는 말은? (아이의 행동 중 가장 기억에 남는 모습은?)	
5. 아이가 무엇을 먹었을 때 가장 좋아하는가?	
6. 아이랑 함께한 활동은 있는가? 무엇인가? 함께 시장 보기도 활동이다.	
7. 무슨 일로 몇 번 발끈했는가?	
8. 무슨 일로 꾹 참았는가?	
9. 가장 기쁜 일, 슬픈 일, 화나는 일, 행복한 일은?	
10. 나에게 감사한 일은?	
11. 아이에게 감사한 일은?	
12. 평소와 다른 오늘만의 특별한 일은?	

* 기록하면 데이터가 쌓이고 아이와 내가 어떤 상황이지 환히 보입니다.
하루를 정리한다는 마음으로 아이와 나를 관찰하며 매일매일 기록해 보세요

오늘 하루 어떻게 지냈나요?

날짜 : 년 월 일 요일

아이 기분

엄마 기분

질문	이렇게 했어요
1. 몇 번 안아줬는가?	
2. 몇 번의 눈 맞춤을 하였는가?	
3. 질문은 몇 번 하였는가? (무엇을 물었나요?)	
4. 아이가 한 말 중 가장 기억에 남는 말은? (아이의 행동 중 가장 기억에 남는 모습은?)	
5. 아이가 무엇을 먹었을 때 가장 좋아하는가?	
6. 아이랑 함께한 활동은 있는가? 무엇인가? 함께 시장 보기도 활동이다.	
7. 무슨 일로 몇 번 발끈했는가?	
8. 무슨 일로 꾹 참았는가?	
9. 가장 기쁜 일, 슬픈 일, 화나는 일, 행복한 일은?	
10. 나에게 감사한 일은?	
11. 아이에게 감사한 일은?	
12. 평소와 다른 오늘만의 특별한 일은?	

* 기록하면 데이터가 쌓이고 아이와 내가 어떤 상황이지 환히 보입니다.
하루를 정리한다는 마음으로 아이와 나를 관찰하며 매일매일 기록해 보세요

오늘 하루 어떻게 지냈나요?

날짜 :　　년　　월　　일　요일

아이 기분

엄마 기분

질문	이렇게 했어요
1. 몇 번 안아줬는가?	
2. 몇 번의 눈 맞춤을 하였는가?	
3. 질문은 몇 번 하였는가? (무엇을 물었나요?)	
4. 아이가 한 말 중 가장 기억에 남는 말은? (아이의 행동 중 가장 기억에 남는 모습은?)	
5. 아이가 무엇을 먹었을 때 가장 좋아하는가?	
6. 아이랑 함께한 활동은 있는가? 무엇인가? 함께 시장 보기도 활동이다.	
7. 무슨 일로 몇 번 발끈했는가?	
8. 무슨 일로 꾹 참았는가?	
9. 가장 기쁜 일, 슬픈 일, 화나는 일, 행복한 일은?	
10. 나에게 감사한 일은?	
11. 아이에게 감사한 일은?	
12. 평소와 다른 오늘만의 특별한 일은?	

* 기록하면 데이터가 쌓이고 아이와 내가 어떤 상황이지 환히 보입니다.
하루를 정리한다는 마음으로 아이와 나를 관찰하며 매일매일 기록해 보세요

에필로그

엄마는 최고의 선물입니다

먼저, 세상 엄마들께 감사를 드립니다.

글을 쓰는 내내 하늘나라에 계신 나의 엄마는 항상 곁에 있었습니다. 나도 엄마이지만, 힘들 땐 엄마를 먼저 떠올리며 '우리 엄마라면 어떻게 했을까?'라고 자문하고 자답했지요.

엄마를 생각하면 나의 어린 시절, 시집가던 날, 아이 낳던 날 등 눈물도 찔끔 나면서 다시 철없는 딸로 돌아갔어요.

둘째 낳고 몸조리할 때 일이었어요. 3년 터울의 첫째가 심술을 부리고 떼를 부리며 나를 힘들게 하자 엄마는 한마디 하셨지요.

"아이고, 니 새끼 때문에 내 새끼 죽겠네."

그리고 나 쉬라고 첫째를 업고 밖으로 나가셨지요.

엄마에게는 어린 손자보다 내 속으로 낳은 내 딸이 더 중요했어요. 그것이 세상 엄마의 마음일 것입니다.

한때 놀이학교를 하면서 많은 돈을 잃은 적이 있습니다.

그 당시 엄마는 허리 수술을 두 번이나 하고 파킨슨병을 앓고 계셔서 손과 발도 떨고 있었지요.

엄마 생각엔 집안에서 여자가 사업하다가 큰돈을 말아먹었으니 쫓겨나거나 구박받지 않을까 걱정이 태산 같았던 모양입니다. 불안해하며 엄마는 우리 집으로 오셨어요. 그리고 손도 떨고 발도 떨면서 남편에게 부탁합니다.

“부부가 살다 보면 이런 일 저런 일이 겁나게 일어나네. 현수 에미가 큰 잘못을 했지만 저렇게 무너질 애가 아니네. 좀 더 품어 주고 아껴주면서 용서해 주게.”

엄마의 당부에 펑펑 울고 말았어요.

그런 당부를 하실 땐 세상에서 가장 강한 엄마의 모습이었습니다. 당신이 아픈 것은 생각지 않고 오직 자식의 안위를 더 걱정하는 엄마의 마음은 우주와도 같았습니다.

사실 남편은 그 당시 사업 실패로 우울해하는 내게 용기를 주고 격려를 아끼지 않았지요.

나는 앞으로의 나를 기대합니다.

나의 두 아들은 엄마인 나를 어떤 모습으로 기억할지,

난 또 어떤 엄마의 모습으로 익어갈지,

나의 엄마만큼은 아니지만, 십 분의 일만이라도 돌아가신 엄마를 닮고 싶은 마음이 가득합니다.

세상의 모든 행복 중 엄마이기 때문에 느끼는 행복감이 가장 큽니다.

엄마는 최고의 선물입니다.

불안하고 속 끓이고 흔들려도
아무튼, 난 멋진 엄마

2022년 6월 17일 초판 1쇄 발행

지은이 | 강문정
펴낸이 | 이병일
펴낸곳 | **더메이커**
전 화 | 031-973-8302
팩 스 | 0504-178-8302
이메일 | tmakerpub@hanmail.net
등 록 | 제 2015-000148호(2015년 7월 15일)

ISBN | 979-11-87809-44-9 03590